高职高专机电类专业系列教材

"工学结合，校企合作"系列特色教材

钳工实训教程

主　编　尹爱东　查正卫

副主编　张仁霖

西安电子科技大学出版社

内 容 简 介

　　本书彰显"工学结合，校企合作"特色，将实际生产中的任务设计成典型项目，运用加工任务驱动学生学习，从而达到教学目标。全书共分钳工常用量具与设备使用，平面划线，錾削，锉削，锯割，钻孔、锪孔，攻螺纹、套螺纹，刮削，综合作业九个实训项目。

　　本书可作为职业院校机电类专业学生的教材，也可作为职业技术培训教材或相关专业技术人员的参考用书。

图书在版编目(CIP)数据

钳工实训教程/尹爱东，查正卫主编. －西安：西安电子科技大学出版社，2016.9(2024.7重印)
ISBN 978 - 7 - 5606 - 4199 - 7

Ⅰ. ① 钳…　Ⅱ. ① 尹… ② 查…　　Ⅲ. ① 钳工－高等职业教育－教材
Ⅳ. ① TG9

中国版本图书馆 CIP 数据核字(2016)第 196673 号

策　　划　刘玉芳
责任编辑　刘玉芳　毛红兵
出版发行　西安电子科技大学出版社(西安市太白南路 2 号)
电　　话　(029)88202421　88201467　　邮　　编　710071
网　　址　www. xduph. com　　　　电子邮箱　xdupfxb001@163.com
经　　销　新华书店
印刷单位　咸阳华盛印务有限责任公司
版　　次　2016 年 9 月第 1 版　2024 年 7 月第 6 次印刷
开　　本　787 毫米×960 毫米　1/16　印张 8.25
字　　数　164 千字
定　　价　20.00 元
ISBN 978 - 7 - 5606 - 4199 - 7
XDUP　4491001 - 6

前 言 Preface

　　本书依据人力资源和社会保障部颁发的《钳工国家职业标准》和机电类各专业人才培养方案中的钳工实训课程标准，在总结近年来钳工实训教学的基础上，结合各校实际情况编写而成。

　　本书在内容的选择、安排和编写上，坚持以"必须、够用、可教"为原则，突出体现培养技术技能型人才的要求特点，强调基本技能的掌握，提高学生的基本专业素质，为学生学习其他专业知识和以后从事相关工作奠定良好的基础。此外，本书强调理论联系实际，注重实践，激发和培养学生的科学精神和创新创业精神，提高学生的实际动手能力。

　　本书由安徽电子信息职业技术学院尹爱东和查正卫老师任主编，张仁霖老师任副主编。其中，项目一、项目二、项目三、项目四和项目五由尹爱东老师编写，项目六由张仁霖老师编写，项目七、项目八、项目九和附录部分由查正卫老师编写。全书由中国人民解放军装甲兵学院李开龙副教授主审。

　　本书在编写过程中得到了安徽汇精模具研发科技有限公司的大力支持，给本书的编写提供了大量的资料和技术指导。另外，本书参考和借鉴了不少国内同类教材及著作文献，还得到了学院领导和各界专家的大力支持，在此一并表示感谢！

　　由于编者水平有限，书中难免存在疏漏和不妥之处，恳请广大读者和同行不吝批评指正。

编　者

2016 年 3 月

目 录 Content

钳工安全操作规程

一、参加实习的学生必须遵守本操作规程，服从指导人员安排。在实习场所内禁止大声喧哗、嬉戏追逐；禁止吸烟；禁止从事未经指导人员同意的工作，不得随意触摸、启动各种开关。未经指导人员允许，不能任意开动设备。

二、用虎钳装夹工件时，要注意夹牢，注意虎钳手柄的旋转方向。

三、不可使用没有手柄或手柄松动的工具（如锉刀、手锤），如发现手柄松动时必须加以紧固。

四、锯削操作时应注意：锯条安装松紧应适当；工件伸出钳口不应过长；工件要夹紧；锯削时用力要均匀；起锯角度不要超过15°；锯割将完时注意扶稳将断端。

五、錾削操作时应注意：检查锤子，锤柄不准松动，应无油污；操作者应佩戴护目镜；工作地点要有安全网；磨錾时錾要高于砂轮中心。

六、锉削操作时应注意：不用无柄、松柄或裂柄的锉刀；锉刀放置时不能露出工作台外；锉削时不能用油污的手去摸已锉过的面；清除铁屑只准用毛刷扫。

七、钻削操作时应注意：操作者应佩戴护目镜；工件及钻头要夹紧装牢，防止钻头脱落或飞出；运动中严禁变速，变速时必须等停车后待惯性消失再扳动换挡手柄；孔将穿时要减少进给；使用手电钻时应戴胶手套和穿胶鞋。

八、任何人在使用设备后，都应把工具、量具、材料等物品整理好，并做好设备清洁和日常设备维护工作。

九、要保持工作环境的清洁，每天下班前15分钟，要清理工作场所；每天必须做好防火、防盗工作，检查门窗是否关好，相关设备和照明电源开关是否关好。

十、任何人员违反上述规定或培训中心的规章制度，实习指导人员有权停止其操作。

项目一　钳工常用量具与设备使用

一、实训目标 《《《

（1）通过本实训，了解常用量具与设备的基本结构、作用、原理及特点。

（2）学会正确使用钳工常用量具与设备。

二、相关知识 《《《

1. 钳工常用量具的使用

量具是用来测量、检验零件及产品的尺寸、形状或性能的工具，是钳工在加工、装配、修理及调试中必然用到的基本工具。量具的种类很多，主要有游标类量具、螺旋测微量具、机械式测微量具、角度量具以及各种量规等。

1）普通游标卡尺

普通游标卡尺是一种具有中等测量精度的量具，能直接测量工件的外径、内径、宽度、长度、高度、深度等。

（1）游标卡尺的结构如图 1-1 所示。

图 1-1　游标卡尺

游标卡尺的读数装置由主尺和副尺两部分组成，当副尺量爪与主尺量爪密合时，副尺零线与主尺零线对准。在量取工件尺寸时，向右移动副尺使副尺量爪与主尺量爪离开并与被测面接触。当需要微动调节时，先拧紧滑块上的螺钉，然后松开副尺上的螺钉，转动微调螺母，通过螺杆使副尺微动。量得尺寸后，可拧紧尺上的螺钉使副尺紧固，这时两个量爪之间的距离即为工件尺寸。工件尺寸的毫米整数部分可由主尺刻度读出，毫米小数部分可由副尺及主尺相互配合读出。如图 1-2 所示的是带有测深杆的游标卡尺。

图 1-2　带测深杆的游标卡尺

游标卡尺的测量范围可分为 0～125 mm、0～150 mm、0～200 mm、0～300 mm、0～500 mm 等几种，最大可测至 400 mm。

游标卡尺的测量精度可分为 0.1 mm、0.05 mm、0.02 mm 三种规格。这三个数值就是卡尺所能量得的最小读数精确值。目前，常用的游标卡尺其测量精度为 0.02 mm。

（2）游标卡尺的刻线原理（以测量精度 0.02 mm 的游标卡尺为例）。

主尺上每小格为 1 mm，主尺上的 49 mm 正好等于副尺上的 50 格；副尺每小格是 49÷50＝0.98 mm，主尺与副尺每格相差 1－0.98＝0.02 mm，如图 1-3 所示。

图 1-3　游标卡尺的刻线原理

（3）读数方法。

① 首先读出副尺零刻线左边所指示的主尺上刻线的毫米整数。

② 观察副尺上的第几条刻线与主尺某一刻线对准，将游标精度乘以副尺上的格数，即为毫米小数值。

③ 将主尺上整数和副尺上的小数值相加即得被测工件的尺寸，如图1-4所示。

$$工件尺寸＝主尺整数＋游标卡尺精度×副尺格数$$

10+0.1=10.1   27+0.94=27.94   41+0.5=41.5

图1-4 游标卡尺读数

2）外径千分尺

外径千分尺是一种用于测量加工精度要求较高的精密量具，其测量精度可达到0.01 mm。根据外径千分尺测量范围的大小，分为0～25 mm、25～50 mm、50～75 mm、75～100 mm、100～125 mm等几种。

（1）外径千分尺的结构如图1-5所示。

图1-5 外径千分尺

外径千分尺固定套筒（主尺）的表面刻有刻度，衬套内有螺纹，螺距为0.5 mm，测微螺杆右面的螺纹可沿此内螺纹回转。在固定套筒的外面有一活动套筒（副尺），上面刻有刻线，它用锥孔与测微螺杆右端的锥体相连。测微螺杆在转动时的松紧度可用螺母调节。当需要测微螺杆固定不动时，可转动手柄通过偏心机构锁紧。松开罩壳时，可使测微螺杆与活动套筒分离，以便调整零线位置。转动棘轮，测微螺杆就会前进。当测微螺杆的左端面接触工件时，棘轮在棘爪的斜面上打滑，由于弹簧的作用，使棘轮在棘爪上划过而发出咔咔声。如果棘轮以相反方向转动，则拨动棘爪和活动套筒以及转动测微螺杆，使测微螺杆向右移动。棘轮用螺钉与罩壳连接。

（2）外径千分尺的刻线原理。

外径千分尺是将活动套筒（副尺）上的刻度由角度位移变为直线位移。测微螺旋杆的螺距为 0.5 mm，在固定套筒（主尺）上刻有一条中心刻度线，这条线是活动套筒（副尺）的读数基准线。在该线上下各刻有一排间距为 1 mm 的刻度线，上下相互错开 0.05 mm，其中一排刻线刻有 0、5、10、15、25，表示毫米整数值；相对的下一排刻线错开 0.5 mm 的数值，因此上排和下排的刻度线之和相当于将固定套筒（主尺）上的 25 mm 长分成 50 个小格，即一格等于 0.5 mm，正好等于测微杆的螺距。活动套筒（副尺）每转一周它所移动的距离正好等于固定套筒（主尺）上的一格，顺时针转一周，就使测距缩短 0.5 mm；逆时针转一周，就使测距延长 0.5 mm；如果转半周，就移动 0.25 mm。将活动套筒（副尺）沿圆周等分成 50 个小格，转动 1/50 周（一小格），则移动距离为 0.5 mm×1/50＝0.01 mm，活动套筒（副尺）转动 10 小格时，就移动 0.1 mm，因此从固定套筒（主尺）上能读出 1 mm 的整数和 0.5 mm 整数，从活动套筒（副尺）能读出精确到 0.01 mm 的小数。读数实例如图1-6所示。

6.78　　　　　6.73　　　　　1.55

图1-6　外径千分尺的读数

（3）读数方法。

① 先从固定套筒（主尺）上露出的刻线读出工件的毫米整数和 0.5 mm 整数。

② 再从活动套筒（副尺）上面固定套筒（主尺）主刻度线所对准的刻线读出工件的小数部分（百分之几毫米）。

③ 将两次读数相加就是工件的测量尺寸，如图1-6所示。

3）游标万能角度尺

游标万能角度尺是用来测量工件内、外角度的量具，按游标的测量精度分为 2′和 5′两种，其示值误差分别为±2′和±5′，测量范围为 0°～320°。目前常用的是精度为 2′的游标万能角度尺。

（1）游标万能角度尺的结构如图1-7所示。

图1-7 游标万能角度尺

游标万能角度尺是由角度刻线的主尺和固定在扇形板上的游标副尺所组成的。扇形板可以在主尺上回转摆动，形成和游标卡尺相似的结构。直角尺可用套箍固定在扇形板上，直尺用套箍固定在直角尺上，直尺和直角尺都可以滑动。如拆下直角尺，也可将直尺固定在扇形板上，可以自由装卸和改变装法，如图1-8所示。游标万能角度尺不同的安装方式所能测量的范围是0°～50°、50°～140°、140°～230°、230°～320°等几种。

图1-8 游标万能角度尺不同的安装方式所能测量的范围

（2）游标万能角度尺的刻线原理。

主尺刻线每格 1°，副尺（游标）刻线是将尺身上 29°所对应的弧长等分为 30 格，每格所对应的角度为 29°/30，因此副尺（游标）上 1 格与主尺上 1 格相差 1°/30＝2′，即游标万能角度尺的测量精度为 2′。

（3）读数方法。

游标万能角度尺的读数方法和游标卡尺相似，先从主尺上读出副尺（游标）零线前被测量的整度数，再从游标上读出角度"分"的数值，两者相加就是被测角的数值。

2. 钳工常用设备的使用

1）工作台（钳台）

钳台是钳工专用的工作台，是用来安装台虎钳、放置工具和工件的。钳台有多种样式，有木制的，有铁制的，其高度为 800～900 mm，长度和宽度可随工作需要而定。钳台一般有几个抽屉，用来收藏工具，如图 1-9 所示。台虎钳装在台面上，高度恰好与人的手肘平齐，如图 1-10 所示。

图 1-9　钳台

图 1-10　台虎钳高度确定

2）台虎钳

台虎钳是一种安装在工作台上夹持工件用的夹具，有固定式和回转式两种结构类型，如图 1-11 所示。台虎钳的大小是以钳口的长度来定的，常用的有 100 mm、125 mm、150 mm 三种规格。

(a)固定式　　　　　(b)回转式

图1-11　台虎钳

台虎钳在使用时应注意以下事项:

(1)夹紧工件时松紧要适当,只能用手的力量拧紧台虎钳的手柄,而不能借助于工具加力,目的是防止丝杆、螺母及钳身受损和夹坏工件表面。

(2)不能在活动钳身的光滑平面上敲击作业,以防破坏它与固定钳身的配合性能。

(3)对丝杆、螺母等活动部件,应经常清洁、润滑,以防生锈。

3)砂轮机

砂轮机是用来刃磨钻头、錾子、刮刀等刀具和其他工具的专用设备,由电动机、砂轮和机体组成,如图1-12所示。砂轮的质地硬而脆,转速较高,使用时应遵守安全操作规程,严防产生砂轮碎裂,以防事故。砂轮机在使用过程中应注意以下事项:

(1)砂轮的旋转方向应正确,使磨屑向下方飞离砂轮。

(2)启动后,待砂轮转速达到正常后才能进行磨削。

(3)磨削时要防止刀具或工件与砂轮发生剧烈碰撞或对其

图1-12　砂轮机

增加过大的压力。砂轮应经常用修整器修整,保持砂轮表面的平整。

(4)磨削时,操作者应站立在砂轮的侧面或斜侧面,不要站在砂轮的正面。

(5)为了避免铁屑飞溅伤害眼睛,磨削时必须戴好防护眼镜。

(6)不可用棉纱裹住工件或戴手套进行磨削,以免棉纱或手套卷入砂轮机内而发生事故。

三、实训组织 《《《

本实训所用学时为 4 课时，每人一个工位。

四、实训准备 《《《

（1）本实训按 2～3 人配备游标卡尺、外径千分尺、游标万能角度尺各一套。

（2）配备砂轮机、台钻等设备。

（3）配备测量用孔类、轴类零件若干。

（4）钳工实训场所设备配备应齐全。

五、安全注意事项 《《《

（1）在使用量具前必须用清洁棉纱将其擦净。

（2）对粗糙毛胚、生锈工件和温度过高的工件都不能使用精度高的量具进行测量。

（3）机床开动时，不准使用量具测量工件。

（4）量具使用后擦净、涂油后放在专用盒内，防止受潮、生锈。

（5）量具应单独放置，不可与工具或工件混放。

（6）定期对量具的精度进行检验、标定。

（7）使用的机床和工具(如钻床、砂轮机、手电钻等)要经常进行检查，发现损坏，应停止使用并及时上报，进行修复。未经同意，不得擅自使用不熟悉的机床和工具。

（8）使用电气设备时，必须严格遵守操作规程，注意安全。使用砂轮机时，要戴好防护眼镜。清除切屑时要用刷子，不可用手或用嘴去吹，以免切屑飞进眼里造成伤害。

（9）在钳台上工作时，工具应摆放整齐，不得伸出钳台以外，以免落地损坏并防止砸伤人脚。

（10）实习场地要保持整齐清洁，搞好坏境卫生；常用设备应该布局合理；工件、工具放置要有顺序，整齐稳固，确保实训操作中的安全。

（11）进一步明确本校的生产实习场地规则。

六、实训内容 《《《

（1）用游标卡尺对工件的外径、内径、长度、宽度、高度和深度进行测量。

（2）用外径千分尺对工件的外径、长度、厚度进行测量。

（3）用游标万能角度尺对工件的角度进行测量。

（4）用砂轮机对工件进行磨削。

（5）用台钻对工件进行钻孔。

七、实训步骤 <<<<

1. 使用游标卡尺测量工件

（1）使用前，应该首先测量游标卡尺的精度是否准确，将工件被测量表面和游标卡尺量爪端面擦干净。

（2）测量工件外径时，将副尺向外移动，使两量爪间距大于工件外径。首先使主尺量爪与被测量工件接触，然后再慢慢地移动副尺，使副尺量爪与工件接触，然后拧紧固定螺钉，轻轻取下并读取数值。

（3）测量工件内径时，将副尺量爪向内移动，使两量爪间距小于工件内径，方法同上，如图 1-13 所示。

使用中，不允许游标卡尺的接触面与工件发生磕碰，以免影响游标卡尺的精度与读数的准确性。

（4）用深度游标卡尺测量工件深度时，其过程如图 1-14 所示：将主尺与工件被测底面平整地接触，然后缓慢地移动副尺，使副尺与工件表面接触，旋紧固定螺钉，根据主尺、副尺所示数值读出尺寸，读数方法与游标卡尺相同。测量时用力不宜过大，以免影响测量精度和读数的准确性。

图 1-13　用游标卡尺测内径

图 1-14　用深度游标卡尺测深度

（5）使用完毕后，应将游标卡尺擦干净，并涂上一薄层工业凡士林，放入卡尺盒内。

2. 使用外径千分尺测量工件

（1）使用前，必须把外径千分尺的测砧端面擦拭干净，然后用标准量规检测外径千分尺的读数是否准确。

（2）旋转棘轮盘，使两个测砧端面夹住标准量规，直到棘轮发出 2～3 声"咔咔"声响，这时外径千分尺的读数应该与标准杆的长度一致。否则该外径千分尺有误差，应检查调整后才能用于测量。

（3）将工件被测量表面擦拭干净，并将外径千分尺置于两测量面之间，使外径千分尺测量轴线与工件中心线垂直或平行。若测量时出现倾斜，则直接影响测量的准确性。

（4）使测砧端面与工件接触，然后旋转活动套筒（副尺），使砧端与工件测量表面接近，这时旋转棘轮盘，直到棘轮发出 2～3 声"咔咔"响时为止，然后旋紧固定螺钉，轻轻取下。这时，外径千分尺指示的数值就是所测量到的工件尺寸。

（5）使用完毕后，应将外径千分尺擦拭干净，并涂上一薄层工业凡士林，存放在卡尺盒内。禁止重压、弯曲外径千分尺且两测量端面不得接触，以免影响其精度。

3. 用游标万能角度尺测量工件角度

（1）使用前，应该首先检测游标万能角度尺的读数是否准确，将工件被测量表面和游标万能角度尺擦拭干净。

（2）测量时，首先置万能角度尺的直尺于被测工件角的一边，然后再慢慢地移动扇形板至工件角的另一边，轻轻取下。这时，游标万能角度尺的指示数值就是所测量到的工件的角度。

（3）使用完毕后，应将游标万能角度尺擦拭干净，并涂上一薄层工业凡士林，存放在卡尺盒内。

4. 使用砂轮机

（1）首先将砂轮机的开关打开，启动后，待砂轮转速达到正常后进行磨削。
（2）取一段 4 mm 厚扁铁，在实习指导教师（师傅）的指导下进行磨削练习。
（3）练习结束后，关闭开关，清理场地。

5. 使用台钻

（1）首先练习正确安装钻头。
（2）练习正确装夹工件。
（3）在不启动台钻的情况下进行手动进给练习。
（4）启动台钻，在实习指导教师（师傅）的指导下进行钻孔练习。
（5）练习结束后，关闭开关，待停机后，清理台面。

八、实训成果 ❮❮❮❮

（1）通过对工件的测量来检验是否能够正确使用量具。
（2）通过对砂轮机、台钻的操作来检验是否能够正确使用它们。
（3）工量具及设备使用实训考评记录表。

工量具及设备使用实训考评记录表

班级：_____   学号：_____   姓名：_____

序号	考 评 内 容	分值	评 分 标 准	得分	扣分原因
1	工具、量具的正确选择和使用	5	错误或使用错误一件/次，－2分		
2	使用前量具的校验	5	未校验，－5分		
3	工件尺寸的测量方法	20	错误一处，－10分		
4	测量后量具的读数	20	读数错误不得分		
5	设备的正确使用	25	设备使用错误不得分，操作根据情况得分		
6	设备的保养	15	使用后设备正确保养，否则不得分		
7	操作中的安全、文明生产	10	违章操作，视情节扣分		
8	成 绩 总 评				

教师评语：

教师签名：_____

日 期：_____

项目二 平面划线

一、实训目标

(1) 通过本实训，明确划线的作用，学会使用平面划线工具。

(2) 学会一般的划线方法和正确地在线条上打样冲眼。

(3) 划线操作应达到线条清晰、粗细均匀，尺寸误差不大于±0.3 mm。

二、相关知识

在毛坯或工件上，用划线工具划出待加工部位的轮廓线或作为基准的点和线的操作叫划线。只需在一个平面上划线即能满足加工要求的，称为平面划线；要同时在工件的几个不同方向的表面上划线才能满足加工要求的，称为立体划线。

1. 划线的作用

(1) 确定工件上各加工面的加工位置和加工余量。

(2) 可全面检查毛坯的形状和尺寸是否符合图样，是否满足加工要求。

(3) 当在坯料上出现某些缺陷的情况下，往往可通过划线时的所谓"借料"方法，来实现一定补救。

(4) 在板料上按划线下料，可做到正确排料、合理使用材料。

2. 划线工具

我国长度单位采用米制，它是十进制。米制长度单位的名称、符号和进位关系如下：

米　　分米　　厘米　　毫米　　微米

m　　dm　　cm　　mm　　μm

$1 \text{ m} = 10 \text{ dm} = 10^2 \text{ cm} = 10^3 \text{ mm} = 10^6 \text{ }\mu\text{m}$

长度的基准单位是米，但机械工程上所标注的米制尺寸是以毫米为主单位的，而且为了方便，图样上以毫米为单位的尺寸规定不注单位符号，如 100 即 100 mm，0.03 即 0.03 mm。

在工作中，有时还会遇到英制单位，其名称和进位关系为1英尺=12英寸，1英寸=8英分。它的主单位是英寸，如3英分写成3/8英寸，2英分写成1/4英寸。米、英制单位的换算关系是：1英寸=25.4 mm。

（1）划线平台。划线平台由铸铁制成，工作表面经过精刨或刮削加工后，作为划线时的基准平面。划线平台一般用木架搁置，放置时应使平台工作表面处于水平状态，如图2-1所示。

图 2-1 划线平台

使用注意要点：平台工作表面应经常保持清洁；工件和工具在平台上要轻拿、轻放，不可损伤其工作面，用后要擦拭干净，并涂上机油防锈。

（2）钢板尺。钢板尺是用不锈钢制成的一种直尺，是一种最基本的量具，可以用来测量工件的长度、宽度、高度和深度或作为刻划线条时的导尺，如图2-2所示。

图 2-2 钢板尺及其使用

钢板尺有150 mm、300 mm、500 mm和1000 mm四种规格。尺面上尺寸刻度间距为0.5 mm，为钢板尺的最小刻度。钢板尺测量出的数值误差比较大，1 mm以下的小数值只能靠估计得出，因此不能用作精确的测定。

（3）直角尺。直角尺是用来检查或测量工件内、外直角、平面度，也是划线、将配时常用的量具。直角尺的两边长短不同，长而薄的一面叫尺苗，短而厚的一面叫尺座。

直角尺的用法是，将尺座一面紧靠工件基准面，另一尺边向工件的另一面靠拢，观察尺边与工件贴合处，以透过缝隙的光线是否均匀来判断工件两邻面是否垂直，如图 2-3 所示。

图 2-3　直角尺及其使用

（4）划针。划针用来在工件上划线条，由弹簧钢丝或高速钢制成，直径一般为 3~5 mm，尖端磨成 10°~20°的尖角，并经热处理淬火使之硬化。有的划针在尖端部位焊有硬质合金，耐磨性更好，如图 2-4 所示。

图 2-4　划针

使用注意要点：在用钢板尺和划针连接两点直线时，应先用划针和钢板尺定好后一点的划线位置，然后调整钢板尺使其与另一点的划线位置对准，再划出两点的连接直线。划线时针尖要紧靠导向工具的边缘，上部向外侧倾斜 15°~20°，向划线移动方向倾斜 45°~75°，如图 2-5 所示。针尖要保持尖锐，划线要尽量一次划成，使划出的线条既清晰又准确；不用时，划针不能插在衣袋中，最好套上塑料管不使针尖外露。

图 2-5　划针的使用

（5）划线盘。划线盘的作用是在划线平台上对工件进行划线或找正工件在平台上的正确安放位置。划针的直头端用来划线，弯头端用于找正工件的安放位置，如图2-6所示。

图2-6　划线盘

使用注意要点：用划线盘进行划线时，划针应尽量处于水平位置，不要倾斜太大，划针线伸出部分应尽量短些，并要牢固地夹紧，以避免划线时产生振动和尺寸变动。划线盘在移动时，底座底面始终要与划线平台平面贴紧，无摇晃或跳动，划针与工件划线表面之间保持40°～60°夹角（沿划线方向），以减小划线阻力和防止针尖扎入工件表面；划较长直线时，应采用分段连接划法，这样可对各段的首尾做校对检查，避免在划线过程中由于划针的弹性变形和划线盘本身的移动所造成的划线误差，划线盘用毕后应使划针处于直立状态，保证安全和减少所占的空间。

（6）划规。划规的作用是划圆和圆弧、等分线段、等分角度以及量取尺寸等，如图2-7所示为几种划规。

图2-7　划规

使用注意要点：划规两脚的长短要磨得稍有不同，而且两脚合拢时脚尖能靠紧，这样才可划出尺寸较小的圆弧；划规的脚尖应保持尖锐，以保证划出的线条清晰；用划规划圆时，作为旋转中心的一脚应加以较大的压力，另一脚则以较轻的压力在工件表面上划出圆或圆弧，避免中心滑动，如图 2-8 所示。

图 2-8 划规划圆

(7) 样冲。样冲用于在工件所划加工线条上打样冲眼（冲点），如图 2-9 所示，作为加强界限标志（称检验样冲眼）和划圆弧或钻孔时的定位中心（称中心样冲眼）。

图 2-9 样冲

样冲一般用工具钢制成，尖端经淬火硬化，其顶尖角度用于加强界限标记时大约为 40°，用于钻孔定中心时约为 60°。

冲点方法：先将样冲外倾使尖端对准线的正中，然后再将样冲立直冲点，如图 2-10 所示。

图 2-10 样冲的使用方法

使用注意要点：位置要准确，冲点不可偏离线条（见图 2-11）；在曲线上冲点距离要小些，如直径小于 20 mm 的圆周上应有 4 个冲点，直径大于 20 mm 的圆周上应有 8 个以上冲点，在薄壁上或光滑表面上冲点要浅，粗糙表面上冲点要深些；精加工表面禁止打样冲眼。

（a）正确　　　（b）不垂直　　　（c）偏心

图 2-11　样冲眼

（8）方箱。方箱是立体划线工具，其各个相对表面相互平行，相邻平面相互垂直，如图 2-12 所示。划线时，可通过方箱上方的夹紧装置将工件预先夹紧，通过翻转方箱，便可将工件各个表面上的线条全部划出来，方箱上表面的 V 形槽可方便地装夹圆柱体工件。

图 2-12　方箱

（9）V 形铁。一般 V 形铁都是两个一组配对使用，V 形槽夹角多为 90° 或 120°，用来支承圆柱形工件，以划出中心线，找出中心等，如图 2-13 所示。

图 2-13　V 形铁

（10）千斤顶。千斤顶多用来支承形状不规则的复杂工件进行立体划线，一般三个为一组配合使用，如图 2-14 所示。划线中可以通过改变千斤顶的高度来获得所要求的位置。

图 2-14　千斤顶

（11）直角铁。直角铁相互垂直的外表面作为工件表面，如图 2-15 所示。直角铁上的孔或槽是搭压板时穿螺栓用的。

图 2-15　直角铁

3. 划线的涂料

为了使划出的线条清楚，一般都在工件的划线部位涂上一层薄而均匀的涂料。常用的有石灰水（常在其中加入适量的水胶来增加附着力），一般用于表面粗糙的铸、锻件毛坯上的划线；酒精色溶液（在酒精中加漆片和紫蓝颜料配成）和硫酸铜溶液用于已加工表面上的划线；白粉笔用于工件表面比较粗糙、量极少的情况下的涂料。

不论使用哪一种涂料，都要涂得薄而均匀，才能保证划线清晰。涂得厚了，容易脱落。

4. 平面划线时基准线的确定

（1）平面划线时的基准形式。所谓基准，就是用来确定工件上各点、线、面的位置所依据的首先确定的点、线、面。所有的划线都要从基准开始。平面划线时，一般只要确定好两根相互垂直的基准线，就能把平面上所有线面的相互关系确定下来。根据工件形体的不同，平面上相互垂直的基准线有如下三种形式：两条互相垂直的中心线；两两互相垂直的平面投影线；一条中心线和与它垂直的平面投影线。

（2）基准线的确定。图样上所用的基准称为设计基准，划线时所用的基准称为划线基准。划线基准应与设计基准一致，并且划线时必须先从基准线开始，即先确定好基准线的位置，然后再依次划其他线面的位置线及形状线，根据工件形状及图样上的尺寸关系认真分析就不难得出。

（3）划线基准的选择原则。

① 划线基准应尽量与设计基准重合。

② 对称零件或回转零件，应以对称中心或回转中心为基准。

③ 在未加工的毛坯上划线，应以主要的非加工面为基准。

④ 在半成品工件上划线，应以加工过的精度较高的表面为基准。

5. 平面划线

（1）平行线的划法。

方法一：如图 2-16 所示，分别用直尺从原直线截取两次等长距离（平行线的距离），得到两点，连接此两点，即得平行线。

图 2-16 平面划线方法一

方法二：如图 2-17 所示，以已知直线上任意两点为圆心，用圆规以相同的半径（半径为两平行线之间的距离）划两次圆弧，作两圆弧公切线，即得平行线。

图 2-17 平面划线方法二

方法三：如图 2-18 所示，先将水平角尺对齐已知水平线，从竖直方向上量取两平行线的距离(两平行线的距离),取点,用一钢尺左侧靠紧竖直尺,到所取的点划水平线,即得平行线。

图 2-18　平面划线方法三

(2) 四边形的划法,其方法如图 2-19 所示。

图 2-19　四边形的划法

(3) 正五边形的划法。正五边形的划线步骤如下:

第一步,以 O 为圆心作圆,划出互相垂直的中心线,与圆周相交在 A、C 两点,如图 2-20(a)所示。

第二步,以 C 为圆心,CO 为半径作圆弧,与圆周相交两点,如图 2-20(b)所示。

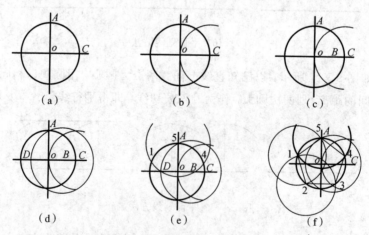

图 2-20　正五边形的划线步骤

第三步，连接两交点，与 OC 相交于 B 点。B 点即为 OC 的中点，如图 2-20(c) 所示。

第四步，以 B 为圆心，BA 为半径作圆弧，交 CO 延长线于 D。AD 就是所求正五边形的边长，如图 2-20(d) 所示。

第五步，以 AD 为半径，依次在圆弧 O 上截取，得 1、2、3、4、5 点，如图 2-20(e) 所示。

第六步，依次连接 1、2、3、4、5 点即得正五边形，如图 2-20(f) 所示。

（4）正六边形的划法如图 2-21 所示。

  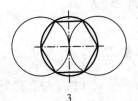

图 2-21　正六边形的划法

三、实训组织 ◀◀◀

本实训所用学时为 2 课时，每人一个工位。

四、实训准备 ◀◀◀

（1）本实训按工位配备常用划线工具：划线平台、钢板尺、直角尺、划针、划线盘、划规、样冲、手锤、涂料等。

（2）钳工实训场所设备应配备齐全。

五、安全注意事项 ◀◀◀

（1）为熟悉各图形的作图方法，实习操作前可做一次纸上练习。

（2）划线工具的使用方法及划线动作必须掌握正确。

（3）学习的重点是如何才能保证划线尺寸的准确性，划出线条细而清楚，以及冲点的准确性。

（4）工具要合理放置。要把左手用的工具放在作业件的左面，右手用的工具放在作业件的右面，并要整齐、稳妥。

（5）任何工件在划线后，都必须做一次仔细的复检校对工作，避免差错。

六、实训内容 ◄◄◄

（1）学会正确使用划线平台、钢板尺、直角尺、划针、划线盘、划规等划线工具进行划线。

（2）学会正确使用样冲打样冲眼。

（3）学会平面划线。

七、实训步骤 ◄◄◄

1. 准备工作

（1）先将待划线的毛坯件进行清理，清理铸件毛坯的残余型砂、毛刺，除去浇、冒口，修平，除去毛坯表面的氧化皮、锈蚀、油污等。

（2）分析图纸，确定划线基准及支承位置，检查毛坯的误差及缺陷。

（3）对划线部位涂色，涂色时要薄而均匀。

（4）划线工具应准备齐全，且保证满足使用要求。

2. 划线过程

先划基准线和位置线，再划加工线，即先划水平线，再划垂直线、斜线，最后划圆、圆弧和曲线。

3. 检查、打样冲眼

（1）对照图纸和工艺要求，对工件按划线顺序从基准开始逐项检查，对错划或漏划的线条应及时改正，保证划线的准确。

（2）检查无误后在加工界线上打样冲眼，打样冲眼必须打正，毛坯面要适当深些，已加工面或薄板件要浅些、稀些，精加工表面禁止打样冲眼。

八、实训成果 ◄◄◄

（1）通过对工件进行实际划线来检验是否能够使用正确的划线方法。

（2）通过对工件进行实际划线来检验是否能够正确使用划线工具。

（3）平面划线实训考评记录表。

平面划线实训考评记录表

班级：_____　　　　学号：_____　　　　姓名：_____

序号	考评内容	分值	评分标准	得分	扣分原因
1	工具、量具的正确选择和使用	5	错误或使用错误一件/次，−2分		
2	划线前工件表面的处理	5	未处理，−5分		
3	所画图形正确，在工件上分布合理	20	错误一处，−5分		
4	图形的线条清晰、粗细均匀	10	一处线条模糊或者粗细不均匀，−4分		
5	划线的尺寸误差在±0.5 mm	25	一处尺寸出现误差超标，−5分		
6	工件上的冲眼分布合理	10	一处冲眼位置偏离或分布不合理，−4分		
7	线条、圆弧之间的连接光滑、过渡自然	15	一处连接不光滑，−5分		
8	操作中的安全、文明生产	10	违章操作，视情节扣分		
9	成 绩 总 评				

教师评语：

教师签名：_____

日　　期：_____

项目三　錾　削

一、实训目标

（1）通过本次实训，学会錾子和手锤的握法、锤击动作。

（2）掌握正确的錾削姿势和手锤锤击的准确性。

（3）掌握錾削时的安全操作规程。

二、相关知识

用手锤锤击錾子对工件进行切削加工的操作方法叫錾削，其操作工艺较为简单，但切削效率和切削质量都不高。目前，錾削主要用于对某些不便用机械加工的工件表面进行加工，如清除铸锻件和冲压件的毛刺、飞边、分割材料、錾切油槽等。錾削是钳工的一项基本操作技能。

1. 錾削工具

錾削用的工具主要是錾子和手锤。

（1）錾子。錾子一般用碳素工具钢（T7 或 T8）锻制、刃磨并经淬火和回火热处理而成。钳工常用的錾子有扁錾、窄錾、油槽錾等，如图 3-1 所示。

图 3-1　錾子

（2）手锤。手锤由锤头和木柄组成，锤头也是由碳素工具钢（T7）锻制而成，如图 3-2 所示。

图 3-2 手锤

手锤常用的规格有 0.25kg、0.5kg 和 1kg 等。

2. 錾子的切削原理

錾子切削总共由前刀面、后刀面以及它们的交线形成的切削刃组成，即两面一刃。錾削时形成的切削角度如图 3-3 所示。

图 3-3 錾削的角度

錾子在錾削时的几何角度主要有以下 3 个：

（1）前角 γ，它是前刀面与基面间的夹角。前角大时，被切金属的切屑变形小，切削省力，前角越大越省力。

（2）楔角 β，它是前刀面与后刀面之间的夹角。楔角越小，錾子刃口越锋利，錾削越省力。但楔角过小，会造成刃口薄弱，錾子强度差，刃口容易崩裂；而楔角过大时，刀具强度虽好，但錾削很困难，錾削表面也不易平整。所以，錾子的楔角应在强度允许的情况下，尽量选择小的角度。錾子錾削不同软硬的材料时，对錾子强度的要求不同。因此，錾子的楔角主要应该根据工件材料的软硬来选择。

扁錾楔角 β 数值的选择如下：

錾削较硬材料时，$\beta=60°\sim70°$。

錾削中等硬度材料时，$\beta=50°\sim60°$。

錾削较软材料时，$\beta=30°\sim50°$。

（3）后角 α，它是在錾削时錾子后面与切削平面之间形成的夹角。它的大小取决于錾子被掌握的方向。錾削时后角太大会使錾子切入材料太深，造成錾削困难，甚至损坏錾子刃口；若后角太小，錾子容易从材料表面滑出不能切入，即使能錾削，由于切入浅，效率也不会高。在錾削过程中应握稳錾子避免后角发生较大的变化。否则，将使工件表面錾得高低不平。后角对錾削的影响如图3－4所示。

后角太大　　　　　　后角太小

图3－4　后角对錾削的影响

3. 錾子的刃磨及热处理

1）刃磨

錾子使用一段时间以后，常发生刃钝、卷边和切削刃崩口损坏等现象，因此要在砂轮上修理、磨锐，严重的要重新锻制。刃磨时两手拿住錾身，右手在上，左手在下，使刃口向上倾斜靠在砂轮上，轻加压力，同时注意錾子的刃口要略高于砂轮水平中心线，在砂轮全宽上平稳均匀地左右移动錾身。要经常蘸水冷却，以防退火，如图3－5所示。

錾子

图3－5　錾子的刃磨

錾子在刃磨过程中，注意磨后的楔角大小要适宜，两刃面要对称，刃口要平直，刃面宽为2～3 mm，如图3－6所示。

图 3-6 錾子的刃磨角度

2）錾子的热处理

錾子的热处理包括淬火和回火两个工序。热处理前先将錾子切削部分进行粗磨，以便在热处理过程中识别其表面颜色的变化。

（1）淬火。錾子是用碳素工具钢（T7 或 T8）制成的，淬火时可把切削部分约 20 mm 长的一端均匀加热到 750～800℃（呈樱红色），然后迅速取出垂直地浸入冷却液中冷却，浸入深度为 5～8 mm，如图 3-7 所示，并在水中缓慢移动，加速冷却，提高淬火硬度，使淬硬部分与不淬硬部分不至于有明显的界线，避免錾子在此线上断裂。

图 3-7 錾子的淬火

（2）回火。錾子的回火是利用其本身的余热进行的。当淬火的錾子露出水面部分显黑色时，即由水中取出，迅速用旧砂轮片擦去切削部分的氧化皮，利用上部的热量对切削部分自行回火，并观察錾子刃部的颜色变化：如果经淬火的錾子是加工硬材料，则刃口部分呈红黄色时立即将錾子全部放入水中冷却至常温；如果经淬火的錾子是加工较软材料，则刃口部分呈紫红色与蓝色之间时立即将錾子全部放入水中冷却至常温。

4．錾削姿势和操作方法

1）錾削姿势

錾削操作劳动强度大，操作时应注意站立位置和姿势，尽可能使自身自然直立，面向工件，这样不易疲劳，又省力。

（1）站立姿势。錾削操作时的站立位置如图3-8所示。身体与台虎钳中心线大致成45°角，且略向前倾，左脚跨前半步，膝盖处稍有弯曲，保持自然放松状态，右脚要站稳伸直，不要过于用力。

图3-8　錾削时两只脚的站立位置

（2）錾子握法。錾削时，左手自如地握着錾子，不要握得过紧，以免敲击时掌心承受的震动过大，如图3-9所示。大面积錾削、錾槽采用正握法；剔毛刺、侧面錾削及使用较短小的錾子时采用反握法；錾断材料时使用立握法。

图3-9　錾子握法

（3）手锤的握法。

① 紧握法。用右手五指紧握锤柄，大拇指合在食指上，虎口对准锤头方向，木柄尾端露出15～30 mm，挥锤和锤击时五指始终紧握，如图3-10所示。

图3-10　手锤的紧握法

② 松握法。只有大拇指和食指始终握紧锤柄，其余三指在挥锤时，小指、无名指、中指依次放松；在敲击时，又以相反的次序收拢握紧，如图 3-11 所示。

图 3-11 手锤的松握法

(4) 挥锤方法。在实际操作中，根据对加工工件锤击力量大小的要求不同，挥锤方法有腕挥、肘挥、臂挥，如图 3-12 所示。

腕挥　　　　肘挥　　　　臂挥

图 3-12 挥锤方法

2) 錾削操作方法

(1) 錾削平面的方法。錾削操作过程一般可分为起錾、錾削和錾出三个阶段。

起錾：起錾时錾子要握稳、握平，开始用力要轻，以便切入，如图 3-13 所示。

斜角起錾　　　　　　　正面起錾

图 3-13 起錾方法

鏨削。鏨削时，要保证鏨子的正确位置和前进方向。粗鏨时，α角要稍大点，但过大会使鏨子切入工件太深，鏨削表面粗糙；若口角过小，鏨子切入工件太浅，易滑出。细鏨时，由于切入深度较小，锤击力较轻，α角应稍大些，如图 3-14 所示。

后角α

图 3-14　鏨削时的 α 角

鏨削时，锤击力应均匀，锤击数次后，要将鏨子退出一下，以便观察加工表面情况，也有利于鏨子刃口散热。

鏨出。鏨出是指鏨削将要完工时，应调头鏨去余下部分，以免工件边缘崩裂，如图 3-15所示。而且只用腕挥，轻轻锤击鏨子，以免残块鏨掉阻力突然消失时手滑出而刮伤。

鏨子

工件

错误的鏨削方法　　　　　正确的鏨削方法

图 3-15　鏨出时的方法

（2）鏨切板料的方法。切断薄板料（厚度在 2 mm 以下）时，可将其夹在台虎钳上鏨切，如图 3-16 所示。

板料

鏨子

板料

鏨子

45°

图 3-16　在台虎钳上鏨切板料

鏨切时，将板料按划线夹成与钳口平齐，用扁鏨沿着钳口并斜对着板料（约成 45°角）自右向左鏨切。对尺寸较大的板料或鏨切线有曲线而不能在台虎钳上鏨切的，可在铁砧（或旧平板）上进行，如图 3-17 所示。

图 3-17 在铁砧上錾切板料

此时，切断用的錾子切削刃应磨有适当的弧形，使前后錾痕便于连接齐整，如图 3-18 所示。

图 3-18 錾切板料时用的錾子

当錾切直线段时，錾子切削刃的宽度可宽些（用扁錾），錾切曲线段时，刃宽应根据其曲率半径大小而定，使錾痕能与曲线基本一致。錾切时，应由前向后錾，开始錾子应放斜些似剪切状，然后逐步放垂直，依次錾切，如图 3-19 所示。

图 3-19 錾切板料的方法

三、实训组织 ≪≪≪

本实训所用学时为 4 课时，每人一个工位。

四、实训准备 ≪≪≪

本实训按工位配备扁錾、手锤各一套；1～2 mm 厚的薄板料、8～10 mm 厚的板料练习件若干。

五、安全注意事项 ≪≪≪

（1）在台虎钳上錾切板料时，錾切线要与钳口夹平齐，且要夹持牢固。

（2）在台虎钳上錾切时，錾子的后面部分要与钳口平面贴平，刃口略向上翘以防錾坏钳口表面。

（3）在铁砧上錾切时，錾子刃口必须先对齐錾切线并成一定斜度錾切，要防止后一錾与前一錾错开，使錾切下来的边弯弯曲曲，同时，錾子不要錾到铁砧上。如不用垫铁时，应该使錾子在板料上錾出全部錾痕后再敲断或扳断。

六、实训内容 ≪≪≪

（1）錾切板料。

（2）錾削平面。

七、实训步骤 ≪≪≪

（1）薄板料的錾切加工。

（2）板料平面的錾削加工。

八、实训成果 ≪≪≪

（1）通过对薄板料进行錾切加工的操作来检验是否能够掌握正确使用錾削工具进行錾削。

（2）通过对板料进行平面錾削加工的操作来检验是否能够掌握正确使用錾削工具进行錾削。

（3）錾削实训考评记录表。

錾削实训考评记录表

班级：_____　　　　学号：_____　　　　姓名：_____

序号	考评内容	分值	评分标准	得分	扣分原因
1	各种錾子的用途、正确选择和使用	5	错误或使用错误一件/次，−2分		
2	手锤的正确使用	5	使用错误，−5分		
3	錾削时工件的夹持是否正确、合理	10	工件夹持不当，−10分		
4	直线錾削时的姿势和錾削方法	15	姿势不当，−5分；方法不当，−10分		
5	直线錾削后，工件上的錾口是否平直	15	根据錾口的平整度得分		
6	圆弧錾削时的姿势和錾削方法	15	姿势不当，−5分；方法不当，−10分		
7	圆弧錾削后，工件上的錾口是否圆整	15	根据錾口的圆整度得分		
8	錾子的刃磨姿势和方法	10	姿势不当，−5分；方法不当，−10分		
9	操作中的安全、文明生产	10	违章操作，视情节扣分		
10	成 绩 总 评				

教师评语：

教师签名：_____

日　　期：_____

项目四　锉　削

一、实训目标

(1) 通过本实训，掌握平面锉削时的站立姿势和动作。

(2) 掌握锉削时两手用力的方法。

(3) 掌握正确的锉削速度。

(4) 掌握锉刀的保养和锉削时的安全知识。

二、相关知识

　　用锉刀对工件表面进行切削加工，使其尺寸、形状、位置和表面粗糙度等都达到要求，这种加工方法叫锉削。它可以加工工件的内外平面、内外曲面、内外角、沟槽和各种复杂形状的表面。在现代工业生产条件下，仍有某些零件的加工需要用手工锉削来完成，例如装配过程中对个别零件的修整、修理，小量生产条件下某些复杂形状的零件加工，以及样板模具的加工等，所以锉削仍是钳工的一项重要的基本操作。

1. 锉削姿势练习

1) 锉刀柄的装拆

(1) 锉刀柄的装拆方法如图 4-1 所示。

图 4-1　锉刀的装拆

2) 平面锉削要求

锉削姿势正确是否，对锉削质量、锉削力的运用和发挥以及操作者的疲劳程度都起着决定影响。锉削姿势的正确掌握，必须从锉刀握法、站立步位和姿势动作以及操作用力这几方面进行，协调一致地反复练习才能达到。

(1) 锉刀握法。板锉大于 250 mm 的握法如图 4-2 所示。右手紧握锉刀柄，柄端抵在拇指根部的手掌上，大拇指放在锉刀柄上部，其余手指由下而上地握着锉刀柄。左手的基本握法是将拇指根部的肌肉压在锉刀头上，拇指自然伸直，其余四指弯向手心，用中指、无名指捏住锉刀前端。还有两种左手的握法。锉削时右手扒动锉刀并决定扒动方向，左手协同右手使锉刀保持平衡。

图 4-2 锉刀的握法

(2) 姿势动作。锉削时的站立步位和姿势(见图 4-3)及锉削动作(见图 4-4)：两手握住锉刀放在工件上面，左臂弯曲，小臂与工件锉削面的左右方向保持基本平行，右小臂要与工件锉削面的前后方向保持基本平行，但要自然。锉削时，身体先于锉刀并与之一起向前，右脚伸直并稍向前倾，重心在左脚，左膝部呈弯曲状态。当锉刀锉至约 3/4 行程时，身体停止前进，两臂则继续将锉刀向前锉到头，同时，左脚自然伸直并随着锉削时的反作用力将身体重心后移，使身体恢复原位，并顺势将锉刀收回。注意锉刀收回时，两手不应该加力，右手顺势将锉刀收回，当锉刀收回将近结束时，身体又开始先于锉刀前倾，做第二次锉削的向前运动。

图 4-3 锉削时的站立步位和姿势

图 4-4 锉削动作

（3）锉削时两手的用力和锉削速度。要锉出平直的平面，必须使锉刀保持直线的锉削运动。为此，锉削时右手的压力要随锉刀的推动而逐渐增加，左手的压力要随锉刀的推动而逐渐减小，始终将锉刀保持水平，如图 4-5 所示。回程时不加压力，以减少锉齿的磨损。

图 4-5 锉削时的用力

锉削速度一般应在 40 次/分钟左右，推出时稍慢，回程时稍快，动作要自然协调。

2. 平面的锉法

1）顺向锉（见图 4-6(a)）

锉刀运动方向与工件夹持方向始终一致称为顺向锉。在锉宽平面时，为使整个加工表面能均匀地锉削，每次退回锉刀时应在横向作适当的移动。顺向锉的锉纹整齐一致，比较美观，是最基本的一种锉削方法。

2）交叉锉（见图 4-6(b)）

锉刀运动方向与工件夹持方向约成 30°～40°角，且锉纹交叉称为交叉锉。由于锉刀与工件的接触面大，锉刀容易掌握平稳，同时，从锉痕上可以判断锉削面的高低情况，便于不断地修正锉削部位。交叉锉法一般适用于粗锉，精锉时必须采用顺向锉，使锉痕变直、纹理一致。

（a）顺向锉　　　　　　（b）交叉锉

图 4-6　顺向锉和交叉锉

3）推锉（见图 4-7）

锉削时，两手在工件两侧对称横握住锉刀，顺着工件长度方向来回推动锉削的方法称为推锉。推锉容易掌握平稳，可以提高锉削面的平面度，减少表面粗糙度。但是推锉的效率很低，一般应用于精加工的表面修光等。在推锉过程中，应该使两手之间的距离尽量小，以提高锉刀运动的稳定性，从而提高锉削面的质量。

图 4-7　推锉

3. 曲面的锉法

曲面锉削包括内、外圆柱面的锉削，内、外圆锥面的锉削，球面的锉削以及各种成型面的锉削等。

1）锉削外圆弧面

（1）顺着圆弧面锉（见图 4-8(a)）。手随着将锉刀的端部往上提，沿着圆弧面均匀地切去一层，适合圆弧的精加工。

（a）顺着圆弧面锉　　　　　　（b）横着圆弧面锉

图 4-8　锉削外圆弧面

（2）横着圆弧面锉（图4-8(b)）。锉削时，锉刀作直线运动，并不断随圆弧面摆动。这种方法切削力比较大，所以效率比较高，适合圆弧面的粗加工。

2）锉削内圆弧面

锉削内圆弧面的锉刀可以选用圆锉或者掏锉（小圆弧半径）、小圆锉、方锉（大圆弧半径）。锉削时，锉刀同时完成3个动作（见图4-9）：前进运动，随圆弧面向左或者向右移动，绕锉刀中心线转动。

图4-9　内圆弧面的锉法

3）平面与曲面的连接方法

平面与曲面连接时，一般应该先加工平面，然后加工曲面。

4）球面的锉法

锉削球面时，锉刀要以直向和横向两种曲面锉法结合进行。锉削球面一般选用板锉，锉削运动包括直向锉运动和横向锉运动，见图4-10。每种运动中，至少包括3个方向的运动：锉刀前进运动，锉刀的上下或左右摆动，锉刀绕自身中心转动。

（a）直向锉法　　　　　（b）横向锉法

图4-10　球面的锉削方法

5）曲面形状的线轮廓度检查方法

曲面形状的线轮廓度，锉削练习时可以用曲面样板并利用塞尺进行检查，如图4-11所示。

图4-11　用样板检查曲面的轮廓度

4. 锉刀的保养

（1）新锉刀要先使用一面，用钝后再使用另一面。

（2）粗锉时，应充分使用锉刀的有效全长，这样既可提高锉削效率，又可避免锉齿局部磨损。

（3）锉刀上不可沾油与沾水。

（4）锉屑嵌入齿缝内必须及时用钢丝刷沿着锉齿的纹路进行清除。

（5）不可锉毛坯件的硬皮及经过淬硬的工件。

（6）铸件表面如有硬皮，应先用砂轮磨去或用旧锉刀和锉刀的有齿侧边锉去，然后再进行正常锉削加工。

（7）锉刀使用完毕时必须清洗干净，以免生锈。

（8）无论在使用过程中或放入工具箱时，锉刀不可与其他工具或工件堆放在一起，也不可与其他锉刀互相重叠堆放，以免损坏锉齿。

（9）不允许将锉刀当作手锤、撬棒等工具使用。

5. 锉削时产生的废品和预防方法

锉削时产生的废品和预防方法如表 4-1 所示。

表 4-1 锉削时产生的废品及预防方法

废品的形式	原 因	预 防 方 法
工件夹坏	1. 台虎钳将精加工过的表面夹出凹痕。 2. 夹紧力太大，将空心件夹坏。 3. 薄而且大的工件没有夹好，锉削时，工件发生变形	1. 夹紧精加工工件时应该注意在工件表面安装保护片。 2. 夹紧工件时，夹紧力不能过大，夹紧管料时，最好用 V 形木块来固定工件。 3. 夹紧薄而且大的工件时，要用辅助夹具
锉削平面时中间凸起	1. 操作技术不熟练，锉削时锉刀前后摆动。 2. 使用的锉刀本身存在弯曲现象	1. 掌握正确的锉削姿势，最好采用交叉锉。 2. 选择锉刀时，应该检查锉刀，弯曲的锉刀尽量不要选用
工件形状不准确	1. 划线时不精确。 2. 锉削时的用力不均匀，每次锉削时，用力大小不同，导致每次锉削量不同，造成锉削面高低不同	1. 掌握正确的划线方法，划线时要仔细。 2. 锉削时应集中精力，锉削时经常注意质量，保证锉削后工件加工面的平面符合要求
表面不光洁	1. 锉刀粗细选择不正确。 2. 粗锉时锉痕深	1. 合理选用锉刀。 2. 锉削过程中经常检查锉削面的粗糙度。 3. 注意要经常清除锉刀上的锉屑

三、实训组织 《《《

本实训所用学时为 6 课时，每人一个工位。

四、实训准备 《《《

（1）本实训按 1 人配备锉刀、直角尺、刀口尺、钢丝刷、练习件等各一套。

（2）钳工实训场所设备配备应齐全。

五、安全注意事项 《《《

（1）锉刀是右手工具，应放在台虎钳的右面。放在钳台上时锉刀柄不可露在钳台外面，以免掉落地上砸伤脚或损坏锉刀。

（2）没有装柄的锉刀、锉刀柄已裂开或没有锉刀柄箍的锉刀不可使用。

（3）锉削时锉刀柄不能撞击到工件，以免锉刀柄脱落造成事故。

（4）不能用嘴吹锉屑，也不能用手擦、摸锉削表面。

六、实训内容 《《《

（1）锉刀柄的装拆。

（2）平面的锉削。

（3）曲面的锉削。

七、实训步骤 《《《

1. 锉刀柄的装拆

为了握锉和便于用力，锉刀必须装上木柄。锉刀柄安装孔的深度约等于锉舌的长度。孔的大小，应使锉舌能自由插入 1/2 的深度。装柄时用左手扶柄，用右手将锉舌插入锉柄内，然后放开左手，用右手把锉刀柄的下端垂直地朝钳台上轻轻墩紧，插入的长度约等于锉舌的 3/4。拆卸锉刀柄可在虎钳上或钳台上进行。在虎钳上拆卸锉刀柄的方法是：把锉刀柄搁在虎钳的钳口中向下轻轻撞出来；在钳台上拆卸锉刀柄的方法是，把锉刀柄向钳台边急速撞击，利用惯性作用使它脱开。

2. 平面的锉法

（1）将实习件正确装夹在台虎钳中间，锉削面高出钳口面约 15 mm。

(2) 用旧的 300 mm 粗板锉，在实习件凸起的阶台上做锉削姿势练习。开始用慢动作练习，初步掌握后再用正常速度练习，要求全部顺向锉削，即锉刀运动方向与工件夹持方向始终一致。在锉宽平面时，为使整个加工表面能均匀地锉削，每次退回锉刀时应在横向做适当的移动。练习件锉削后，最小厚度尺寸不能小于 27 mm。

(3) 锉削已加工面的对面。以已加工面为基准面，在距离其一定距离的地方画垂直于已加工面的垂线，锉削达到平面度、垂直度的要求。

(4) 用直角尺检查锉削面的平面度，应该符合要求。一般采用刀口形直尺通过透光法检查，见图 4-12。检查时，将刀口直尺的测量边垂直轻放在工件被测表面上，并置于光亮处，通过接触处透光的均匀性，判定平面在该方向上是否平直。若透光均匀且微弱，则说明该方向是平的；如果透光强弱不一，则光线强处平面凹，光线弱处平面凸，如图 4-13 所示。用该方法检查时，必须在被测平面的纵向、横向及对角线方向多处逐一测量，以确定平面上各个方向的直线度误差，从而保证整个平面的平面度合格。使用刀口形直尺时，应避免在工件表面上拖动，以免测量边磨损而引起测量误差。

（a）检查方法 　　（b）检查位置

图 4-12　用透光法检查平面

刀口尺

工件中部凹陷 　　工件 　　工件中部凸起

在实际中可能出现的平面度不符合要求的结果

图 4-13　出现的结果

(5) 垂直度的检查。当锉削平面与有关表面有垂直度要求时，一般采用 90°直角尺控制，其垂直度的检查方法如图 4-14(a)所示。检查前，先将工件棱边倒钝。测量时，首先将 90°直角尺的基准面紧贴在工件的基准面上；然后轻轻从上向下垂直移动 90°直角尺，直至直角尺的测量边与工件表面接触，此时观察其透光情况。若整个接触面间透光弱而均匀，则说明直度好；若透光不均匀，则说明垂直度较差。其中，若接触点靠近直角尺基准面一端，则说明两表面小于 90°；反之，若接触点远离直尺的基准面，则说明两表面大于 90°。

（a）正确的检查方法　　　　　（b）错误的检查方法

图 4-14　用 90°直角尺检查垂直度

用 90°直角尺检查垂直度应注意两点：

① 在测量的整个过程中，应使直角尺的基准面与工件的基准面始终贴合。

② 要上下垂直地拉动直角尺去检查，不得歪斜，如图 4-14(b) 所示是错误的。

3. 曲面的锉法

（1）将实习件正确装夹在台虎钳中间，锉削面高出钳口面约 15 mm。

（2）锉削时，锉刀作直线运动，并不断随圆弧面摆动。

（3）曲面形状的线轮廓度，锉削后可以用曲面样板通过塞尺进行检查。

4. 注意事项

（1）锉削是钳工的一项重要基本操作，正确的姿势是掌握锉削技能的基础，因此要求必须练好。

（2）初次练习会出现各种不正确姿势，特别是身体和双手动作不协调，要随时注意及时纠正。若不正确的姿势成为习惯，纠正就困难了。

（3）在练习姿势动作时，也要注意体会两手用力如何变化才能使锉刀在工件上保持直线运动。

（4）锉削平面时，应该首先采用交叉锉法，最后必须采用顺向锉法，使锉纹方向一致。

八、实训成果

（1）通过对工件的加工来检验是否能够正确进行平面锉削。

（2）通过对工件的加工来检验是否能够正确进行曲面锉削。

（3）通过对工件的加工来检验是否能够正确使用锉刀。

（4）通过对工件的测量来检验是否能够正确对工件进行检查。

（5）锉削实训考评记录表。

锉削实训考评记录表

班级：_____ 学号：_____ 姓名：_____

序号	考评内容	分值	评分标准	得分	扣分原因
1	能根据加工工件材料的不同正确选择和使用锉刀	5	错误或使用错误一件/次，－2分		
2	锉刀刀柄的正确更换和安装	5	使用错误，－5分		
3	锉削时工件的夹持是否正确、合理	10	工件夹持不当，－10分		
4	平面锉削时的姿势和锉削方法	10	姿势不当，－5分；方法不当，－5分		
5	外圆弧面锉削时的姿势和锉削方法	10	姿势不当，－5分；方法不当，－5分		
6	内圆弧面锉削时的姿势和锉削方法	15	姿势不当，－5分；方法不当，－10分		
7	球面锉削时的姿势和锉削方法	15	姿势不当，－5分；方法不当，－10分		
8	锉削加工后工件的尺寸误差不大于±0.5 mm	10	尺寸超过误差，－15分		
9	锉削加工后工件的平面度不大于±0.15 mm，相邻加工面的垂直度不大于±0.15 mm	10	尺寸超过误差，－15分		
10	操作中的安全、文明生产	10	违章操作，视情节扣分		
11	成 绩 总 评				

教师评语：

教师签名：_____

日　　期：_____

项目五　锯　割

一、实训目标 ◀◀◀

（1）通过本实训，能对各种形体材料进行正确的锯割，操作姿势正确，并能达到一定的锯割精度。

（2）能根据不同材料正确选用锯条，并能正确装夹。

（3）熟悉锯条折断的原因和防止方法，了解锯缝产生歪斜的几种因素。

（4）做到安全和文明操作。

二、相关知识 ◀◀◀

用锯条把原材料或工件（毛坯、半成品）分割成几个部分的操作叫做锯割。大型原材料和工件的切割通常用机械锯、剪板机、气割、电割等方法，这些一般不属于钳工的工作范围。钳工锯割工件是用弓锯手工锯割，常做的工作有：

图 5-1　锯割

（1）锯断各种原材料或半成品（见图 5-1(a)）；

（2）锯掉工件上多余的部分（见图 5-1(b)）；

（3）在工件上锯槽（见图 5-1(c)）。

1. 手锯构造

手锯由锯弓和锯条构成。锯弓是用来安装锯条的，有可调式和固定式两种。固定式锯弓只能安装一种长度的锯条；可调式锯弓（见图 5-2）通过调整可以安装几种长度的锯条，并且可调式锯弓的锯柄形状便于用力，所以目前被广泛使用。

图 5-2　可调式锯弓

图 5-3　锯齿的形状

2. 锯条的正确选用

锯弓上所用的锯条主要是单面齿锯条。锯割时，锯入工件越深，缝道两边对锯条的摩擦阻力就越大，甚至把锯条咬住。为了避免锯条在锯缝中被咬住，锯齿就做成几个向左、几个向右的形状，形成波浪形（凹凸锯路）或折线形的锯齿排列，如图 5-3 所示。各个锯齿的作用，相当于一排同样形状的凿子。

锯条一般用渗碳软钢冷轧而成，也有用碳素工具钢或合金钢制成，并经热处理淬硬。锯割的时候，要切下较多的锯屑，因此锯齿间要有较大的容屑空间。齿距大的锯条容屑空间大，称为粗齿锯条；齿距小的称为细齿锯条。一般来说，在 25 mm 长度内有 14～18 个齿的为粗齿锯条；在 25 mm 长度内有 24～32 个齿的为细齿锯条。锯条齿纹的粗细应根据所锯材料的硬度、材料的厚薄来选择。

（1）锯割软材料或厚的材料时应该选用粗齿锯条。锯割软的材料时，锯条容易切入，锯屑厚而多；锯割厚材料时锯屑比较多，所以要求有较大的容屑空间容纳锯屑，因此应选用粗齿锯条，若用细齿锯条则锯屑容易堵塞，只能锯得很慢，且浪费工时，很不经济。

（2）锯割硬材料或薄的材料时应该选用细齿锯条。锯割硬材料时，锯齿不易切入，锯削量少，不需要很大的容屑空间。若再用粗齿锯条，则同时工作的齿数少了，锯齿容易磨损。锯割薄料时若用粗齿锯条，则锯割量往往集中在一、二个齿上，锯齿就会崩裂，而用细齿锯条就可避免这种情况。一般锯割时至少要有三个齿同时工作，选择锯齿粗细、决定锯割方法时都要考虑到这点。

一般来说，粗齿锯条适用于锯割紫铜、青铜、铝、层压板、铸铁、低碳钢和中碳钢等；细齿锯条适用于锯割硬钢、各种管子、薄板料、电缆、薄的角铁等。

3. 手锯握法和锯削姿势、压力及速度

（1）握法。右手满握锯柄，左手轻扶锯弓前端，如图 5-4 所示。

图 5-4　手锯的握法

（2）姿势。锯削时的站立位置和身体摆动姿势与锉削基本相似，摆动要自然。

（3）压力。锯削运动时，推力和压力由右手控制，左手主要配合右手扶正锯弓，压力不要过大。手锯推出时为切削行程，应施加压力，返回行程不切削，不加压力自然拉回。工件将断时压力要小。

（4）运动和速度。锯削运动一般采用小幅度的上下摆动式运动，即手锯推进时，身体略向前倾，双手随着压向手锯的同时，左手上翘，右手下压，回程时右手上抬，左手自然跟回。对锯缝底面要求平直的锯削，必须采用直线运动。锯削运动的速度一般为 40 次/分钟左右，锯削硬材料慢些，锯削软材料快些，同时，锯削行程应保持均匀，返回行程的速度应相对快些。

4. 锯削操作方法

（1）工件的夹持。工件一般应夹在台虎钳的左面，以便操作，工件伸出钳口不应过长（应使锯缝离开钳口侧面约 10 mm 左右），以防止工件在锯削时产生振动；锯缝线要与钳口侧面保持平行（使锯缝线与铅垂线方向一致），便于控制锯缝不偏离划线线条；夹紧要牢靠，同时要避免将工件夹变形和夹坏已加工面。

（2）锯条的安装。手锯是在前推时才起切削作用，因此锯条安装应使齿尖的方向朝前（见图 5-5（a）），如果装反了（见图 5-5（b）），则锯齿前角为负值，就不能正常锯削了。在调节锯条松紧时，翼形螺母不宜旋得太紧或太松：太紧时锯条受力太大，在锯削中用力稍有不当，就会折断，太松则锯削时锯条容易折曲，也易折断，而且锯出的锯缝容易歪斜。其松紧程度以用手扳动锯条，感觉硬实即可。锯条安装后，要保证锯条平面与锯弓中心平面平行，不得倾斜和扭曲，否则，锯削时锯缝极易歪斜。

（a）正确的安装　　　　　（b）错误的安装

图 5-5　锯条的安装

（5）起锯方法。起锯是锯削工作的开始，起锯质量的好坏直接影响锯削质量。如果起锯不当，一是常出现锯条跳出锯缝将工件拉毛或者引起锯齿崩裂，二是起锯后的锯缝与划线位置不一致，将使锯削尺寸出现较大偏差。起锯有远起锯（见图 5-6(a)）和近起锯（见图 5-6(b)）两种。起锯时，左手拇指靠住锯条（见图 5-7），使锯条能正确地锯在所需的位置上，行程要短，压力要小，速度要慢。起锯角大约在 15°左右，如果起锯角太大，则起锯不易平稳，尤其是近起锯时锯齿会被工件棱边卡住引起崩裂（见图 5-6(b)）。但起锯角不易太小，否则，由于锯齿与工件同时接触的齿数较多，不易切入材料，多次起锯往往容易发生偏离，使工件表面出现许多锯痕，影响表面质量。

（a）　　　　　　　　（b）　　　　　　　　（c）

图 5-6　起锯的方法

一般情况下采用远起锯较好，因为远起锯锯齿是逐步切入材料的，锯齿不易卡住，起锯也较方便。如果用近起锯而掌握不好，锯齿会被工件的棱边卡住，此时也可采用向后拉手锯做倒向起锯，使起锯时接触的齿数增加，再做推进起锯就不会被棱边卡住，起锯锯到槽深有 2～3 mm，锯条已不会滑出槽外，左手拇指可离开锯条，扶正锯弓逐渐使锯痕向后（向前）成为水平，然后往下正

图 5-7　起锯时的导向

常锯削。正常锯削时应使锯条的全部有效齿在每次行程中都参加切削。

5. 各种材料的锯削方法

（1）棒料的锯削（见图 5-8）。如果锯削的断面要求平整，则应从开始连续锯到结束。若锯出的断面要求不高，可分几个方向锯下，这样，由于锯削面变小而容易锯入，可提高工作效率。

图 5-8　棒料的锯割

（2）管子的锯削。锯削管子前，可划出垂直于轴线的锯削线，由于锯削时对划线的精度要求不高，最简单的方法可用矩形纸条（划线边必须直）按锯削尺寸绕住工件外圆，然后用滑石划出。锯削时必须把管子夹正。对于薄壁管子和精加工过的管子，应夹在有 V 形槽的两木衬垫之间（见图 5-9(a)），以防将管子夹扁和夹坏表面。

锯削薄壁管子时先在一个方向锯到管子内壁处，然后把管子向推锯的方向转过一定角度，并连接原锯缝再锯到管子的内壁处，如此逐渐改变方向不断转锯，直到锯断为止（见图 5-9(b)）。

（a）管子的夹持　　　　　　　（b）管子的锯割

图 5-9　管子的锯割

（3）薄板料的锯削。锯削时尽可能从宽面上锯下去。当只能在板料的狭面上锯下去时，可用两块木板夹持，连木块一起锯下，避免锯齿钩住（见图 5-10）。也可以把薄板料直接夹在台虎钳上，用手锯做横向斜推锯，使锯齿与薄板料接触的齿数增加，避免锯齿崩裂。

图 5-10　薄板料的锯割

(4) 深缝锯削。当锯缝的深度超过锯弓的高度时(见图5-11(a))，应将锯条转过90°重新装夹，使锯弓转到工件的旁边(见图5-11(b))，当锯弓横下来其高度仍不够时，也可把锯条装夹成使锯齿朝向锯内进行锯削(见图5-11(c))。注意锯条的转动方向，但是锯齿朝前的方向不变。

（a）正常锯割不能完成工作时　　（b）锯条旋转90°　　　　（c）锯条旋转180°

图5-11　深缝锯割

6. 锯条损坏的原因及预防措施

锯割时锯条损坏有锯齿磨损、锯齿崩裂、锯条折断等几种形式，其原因及预防方法见表5-1。

表5-1　锯条损坏形式、原因及预防方法

锯条的损坏形式	原因	预防方法
锯条折断	1. 锯条装得过松或过紧。 2. 工件抖动或者松动。 3. 强行纠正歪斜的锯缝，锯条扭曲折断。 4. 锯割时压力过大。 5. 新锯条在旧锯缝中卡住	1. 装夹锯条时松紧应当适当。 2. 工件装夹应当稳固，尽量使锯缝靠近钳口处。 3. 锯割时，尽量使锯缝与划线重合。 4. 锯割时压力适中。 5. 调换新锯条后应该从新的方向锯割
锯齿崩裂	1. 锯条选择不当。 2. 起锯时起锯角太大。 3. 锯削运动突然摆动过大以及锯齿有过猛的撞击	1. 正确选用粗细齿锯条。 2. 起锯时运用合理的起锯角和起锯方向。 3. 防止锯削运动突然摆动过大以及锯齿有过猛的撞击
锯齿磨损	1. 锯割时没有注意冷却。 2. 锯割时速度太快	1. 注意选用合理的冷却方式。 2. 运用合理的锯割速度，防止过快

当锯条局部几个齿崩裂后，应及时在砂轮机上进行修整，即将相邻的2~3齿磨低成凹圆弧(见图5-12)，并把已断的齿根磨光。如不及时处理，会使崩裂齿的后面各齿相继崩裂。

崩齿后的锯条　　修复后的锯条

图 5-12　锯齿崩断后的修理

7. 锯缝产生歪斜的原因

（1）工件安装时，锯缝线未能与铅垂线方向一致。

（2）锯条安装太松或相对锯弓面扭曲。

（3）使用锯齿两面磨损不均的锯条。

（4）锯削压力过大使锯条左右偏摆。

（5）锯弓未扶正或用力歪斜，使锯条背偏离锯缝中心平面，而斜靠在锯削断面的一侧。

三、实训组织 《《《

本实训所用学时为 6 课时，每人一个工位。

四、实训准备 《《《

（1）按工位每人配备锯条、锯弓、工件等实用品各一套。

（2）钳工实训场所设备配备应齐全。

五、安全注意事项 《《《

（1）锯条要装得松紧适当，锯削时不要突然用力过猛，防止工作中锯条折断从锯弓上崩出伤人。

（2）工件将锯断时，压力要小，避免压力过大使工件突然断开，手向前冲造成事故。一般工件将锯断时，要用左手扶住工件将断开部分，避免掉下砸伤脚。

六、实训内容 《《《

（1）锯四方铁（铸铁件）。

（2）锯钢六角件。

（3）锯长方体（要求纵向锯）。

（4）扁钢的锯割。

（5）槽钢的锯割。

七、实训步骤 《《《

(1) 按图样(见图 5-13)将三件实习件划出锯割线。

工件1

工件2

工件3

注：1. 所有工件操作前，应该首先划线；
　　2. 锯缝要求整齐。

图 5-13 画锯割线

(2) 锯四方铁(铸铁件)，距离划线约 1.5 mm 左右起锯，达到尺增(54±0.8) mm、锯削断面平面度 0.8 mm 的要求，并保证锯痕整齐。

(3) 锯钢六角件，在角的内侧面采用远起锯，距离划线约 1.5 mm 左右起锯，达到尺寸(18±0.8) mm、锯削断面平面度 0.8 mm 的要求，并保证锯痕整齐。

(4) 锯长方体(要求纵向锯)，距离划线约 1.5 mm 左右起锯，达到尺寸(22±1) mm、锯削断面平面度 1 mm 的要求，并保证锯痕整齐。

(5) 扁钢的锯削。应从扁钢宽的一面进行锯削，如图 5-14 所示，这样锯削的锯缝较长，同时参加锯削的锯齿多，锯往复的次数较少，因此减少锯齿被钩住和折断的危险，并且锯缝较浅，锯条不会被卡住，从而延长了锯条的寿命。如果从扁钢窄的一面起锯，如图 5-14所示，则锯缝短，参加锯割的锯齿少，锯缝深，会使锯齿速变钝，甚至折断。

（a）正确的起锯　　　（b）错误的起锯

图 5-14 扁钢的锯割

（6）槽钢的锯削。锯削槽钢时，也应尽量在宽的一面进行锯削，因此必须将槽钢从三个方向锯削，如图 5-15 所示，这样才能得到较平整的断面，并能延长锯条的使用寿命。若将槽钢装夹一次，从上面一直锯到底，这样锯削的效率低，锯缝深而且不平整，锯齿也容易折断。

第一步　　　　　　　第二步　　　　　　　第三步　　　　　　　第四步

图 5-15　槽钢的锯割

（7）锯削时注意事项。

① 锯削练习时，必须注意工件的安装及锯条的安装是否正确，并要注意起锯方法和起锯角度的正确，以免一开始锯削就造成废品和锯条损坏。

② 初学锯削时，对锯削速度不易掌握，往往推出速度过快，这样容易使锯条很快磨钝。同时，也常会出现摆动姿势不自然、摆动幅度过大等错误姿势，应注意及时纠正。

③ 要适时注意锯缝的平直情况，及时纠正（歪斜过多再作纠正时，就不能保证锯削的质量）。

④ 在锯削钢件时，可加些机油，以减少锯条与锯削断面的摩擦并能冷却锯条，可以延长锯条的使用寿命。

⑤ 锯削完毕，应将锯弓上的张紧螺母适当放松，但不要拆下锯条，防止锯弓上的零件失散，并将其妥善放好。

⑥ 锯条应装得松紧适当，锯削时不可突然用力过猛，以防锯条折断后崩出伤人。

⑦ 工件将要锯断时，应减小压力，避免因工件突然断开，手仍用力向前冲而产生事故。应用左手扶持工件将断开部分，减慢锯削速度逐渐锯断，避免工件掉下砸伤脚。

八、实训成果 ◀◀◀◀

（1）通过本实训，检验是否能够正确安装锯条。

（2）通过对工件的加工来检验是否能够对各种不同的工件进行正确锯割操作。

（3）通过本实训，了解锯割加工中出现的错误，从而避免各种损失的产生。

（4）锯割实训考评记录表。

锯割实训考评记录表

班级：_____ 学号：_____ 姓名：_____

序号	考评内容	分值	评分标准	得分	扣分原因
1	能根据加工工件材料的不同正确地选择锯条	5	错误或使用错误一件/次，－2分		
2	锯条的正确更换与安装	5	安装错误，－5分		
3	锯割时工件的夹持是否正确、合理	20	工件夹持不当，－10分		
4	管料锯割时的起锯方法和锯割方法	10	起锯方法不当，－5分；锯割方法不当，－10分		
5	薄板锯割时的起锯方法和锯割方法	25	起锯方法不当，－5分；锯割方法不当，－10分		
6	深缝锯割时的起锯方法和锯割方法	10	起锯方法不当，－5分；锯割方法不当，－10分		
7	锯割后端面是否平直、锯痕是否整齐	15	按平直度给分		
8	锯割后加工工件的尺寸误差不大于±0.5 mm		尺寸超过公差，－15分		
8	操作中的安全、文明生产	10	违章操作，视情节扣分		
9	成 绩 总 评				

教师评语：

教师签名：_____

日　　期：_____

项目六 钻孔、锪孔

一、实训目标 ≪≪

（1）通过本实训，了解台钻的规格、性能和使用方法。

（2）掌握钻头的磨削方法。

（3）掌握钻孔时工件的夹装方法。

（4）能够独立进行钻孔、锪孔作业。

二、相关知识 ≪≪

1. 钻孔

1）钻头

（1）钻头的型式和组成。钻头的种类较多，有扁钻、中心钻、麻花钻等，其中麻花钻是最常用的一种钻头，一般是用高速钢（W18Cr4V 或 W9Vr4V2）制成的，淬火后 HRC62～68。麻花钻由柄部、颈部和工作部分组成，如图 6-1 所示。

图 6-1 麻花钻

柄部是麻花钻的夹持部分，钻孔时用来传递扭矩和轴向力。麻花钻有锥柄和直柄两种，一般直径大于 ϕ13 mm 的钻头做成锥柄，锥柄为莫氏圆锥体。

　　颈部是工作部分与柄部之间的过渡部分，一般钻头的规格和标号都刻注在颈部。

　　工作部分由切削部分和导向部分组成。切削部分是指两条螺旋槽形成的主切削刃及横刃，起主要切削作用，如图 6-2 所示。其几何形状由两个前刀面、两个后刀面、两条主切削刃、两条副切削刃和一条横刃组成。导向部分有两条对称的螺旋槽，起排屑和输送冷却液的作用。

图 6-2　麻花钻切削部分的结构

　　（2）钻头的切削角度。麻花钻的螺旋槽表面称为前倾面，切屑沿着这个表面流出。

　　切削部分顶端的两曲面称为主后隙面，它与工件加工表面（孔底）相对应（见图 6-3）。钻头的棱边（刃带）是与已加工表面相对的表面，称为副后隙面。前倾面与主后隙面的交线是主切削刃，钻头上共有两条主切削刃。两个主后隙面的交线是横刃。前倾面与副后隙面的交线是副切削刃，也就是棱刃。所以钻头共有五个刀刃：两条主切削刃、一条横刃担负切削作用，两条棱刃担负修光作用。

图 6-3　麻花钻的切削角度

　　钻头两主切削刃间夹角 2ϕ 称为顶角。顶角大，钻尖强度大，但钻削时轴向力大；顶角小，轴向力小，但钻尖瘦弱。一般钻硬材料顶角磨得大，钻软材料顶角磨得小。目前工具厂出品的标准钻头，顶角磨成 $118\pm2°$。

　　钻头的螺旋槽一般都是右旋的（只有在自动机床上或特殊情况下才用左旋钻头）。棱刃的切线和钻头中心线的夹角称为螺旋角。

　　钻头的前角 γ（见图 6-3）与螺旋角 ω 有很大关系。螺旋角越大，前角越大。主切削刃上各点前角都不一样，在钻头外径边缘处，前角最大，约为 $30°$ 左右，自外至中心逐渐减少，到半径为钻头半径的 35% 处前角约为 $0°$，再往里主切削刃上的前角就是负的了，靠近横刃处主切削刃上前角为 $-30°$ 左右。横刃上的前角为 $-64°\sim-60°$（见图 6-3 中的 $B-B$ 剖面）。钻头的后角 α 在切削刃上各点也磨得不一样，它在外径边缘处较小，越靠近中心越大

（通常钻心处α＝20°～26°）。这样做的目的是为了减少横刃的负前角，并抵消由于走刀量所引起的后角减少，以改善钻心处的切削条件。

（3）标准麻花钻的缺点。标准麻花钻在结构上存在以下缺点：

① 钻头主切削刃上各点前角变化很大，外径处太大，里面前角小，近中心处为负前角，切削条件很差。

② 横刃太长，横刃上有很大的负前角，切削条件非常差，实际上不是在切削而是在刮削和挤压。据试验，钻削时50％的轴向力和15％的扭矩是由横刃产生的，横刃长了，定心也不好。

③ 主切削刃全宽参加切削，各点切屑流出速度相差很大。切屑卷成很宽的螺旋卷，所占体积大，排屑不顺利，冷却液不容易到切削面上。

2）钻床及夹具

钳工经常使用的钻孔设备有台式钻床、立式钻床、摇臂钻床和手电钻。

（1）台式钻床（简称台钻）。台钻是一种小型钻床，一般用来加工小型工件上直径不大于12 mm的小孔。它由电动机9、立柱11、塔轮6等主要部件组成，如图6-4所示。它的传动变速由电动机通过三角皮带7带动主轴4旋转，若改变皮带7在塔轮6上的位置，就可以得到几种不同快慢的转速。松开螺钉可推动电动机前后移动，借以调节三角带的松紧。这类台钻最低转速较高，不适用于锪孔和铰孔。操纵电器转换开关5，能使电动机启动、正转、反转和停止。主轴4的进给运动由手操作进给手柄3控制，钻轴头架可在立柱上做上、下移动和绕立柱转动。调整时先松开头架锁紧手柄10，转动调整手柄8，利用齿轮、齿条装置使钻轴头架做上、下移动，待调好后再将其锁紧。工作台2可在立柱上做上、下升降，也可绕立柱转动到任意位置。较小工件可以放在工作台上钻孔，较大工件钻孔时，把工作台转开，直接放在台钻底座1上钻孔。

图6-4　台钻

台钻使用注意事项：

① 变速时必须先停车再变速；

② 钻孔时，必须使主轴沿顺时针方向转动；

③ 钻孔时，使钻头通过工作台的让刀孔，或在工件下垫上木板以免钻坏工作台面；

④ 工作台面要保持清洁，用毕后必须对滑动面及各注油孔加注润滑油。

（2）立式钻床。立式钻床简称立钻，适用于钻削中小型工件上的孔。它有自动进刀机构，切削量较大，生产效率较高，其最大钻孔直径为 25 mm、35 mm、40 mm、50 mm 等几种。立钻主轴转速和进刀量有较大的变动范围，能进行钻孔、锪孔、铰孔和攻丝等。

立钻由底座 1、立柱 2、主轴变速箱 7、电动机 3、主轴箱 4、自动进刀箱 5、进给手柄 6 和工作台 8 等主要部分组成，如图 6-5 所示。

立钻使用注意事项：

图 6-5 立钻

① 使用前先空转试车，待钻床各机构都能正常工作后才可操作。

② 当变换主轴转速或机动进给时，必须先停车，后进行调整。

③ 经常检查各润滑系统的供油情况。

（3）摇臂钻床。摇臂钻床适用于加工大型工件和多孔的工件，最大钻孔直径为 50 mm，转速范围大，可用来进行钻孔、扩孔、锪孔、铰孔及攻螺纹等多种加工，其外形如图 6-6 所示。摇臂钻床由机座 1、工作台 6、主轴箱 3、立柱 2、摇臂 4 和主轴 5 等组成。摇臂能回转 360°，还可沿立柱上下升降。主轴箱能在摇臂上移动较大距离。摇臂钻床在一个工件上加工多个孔时比立钻方便得多，工件可不移动，只要调整摇臂和主轴箱的位置就可以找到钻孔中心。

图 6-6　摇臂钻床

（4）手电钻。手电钻有手提式电钻和手轮式电钻两种（见图 6-7），电钻内部结构一般主要由电动机和两级减速齿轮组成。从适用电源分，有单相（220 V、36 V）、三相（380 V）两种。从适用最大钻孔直径分，单相有 6 mm、10 mm、13 mm、19 mm 四种；三相有 13 mm、19 mm、23 mm 三种。

图 6-7　手电钻

手电钻质量轻、体积小，携带方便，操作简单，使用灵活。一般用于工件搬动不方便或由于孔的位置不能放于其他钻床上加工的地方。

手电钻使用注意事项：

① 使用前必须检查其规格，适用于何种电源，要认真检查电线是否完好。

② 操作时应带橡胶手套、穿胶鞋或站在绝缘板上。

③ 电钻钻孔的进给完全由手推进行（见图6-8），使用钻头要锋利，钻孔时不得用力过猛，发现速度降低时，应立即减轻压力。

（a）钻孔的位置比较高时　　（b）钻孔的位置位于腰部左右时　　（c）钻孔的位置比较低时

图6-8　手电钻钻孔的正确姿势

④ 电钻突然停止转动时，要立即切断电源，检查原因。

⑤ 移运电钻时，必须用手握持手柄，严禁用拉电源线来移动电钻，防止将电线擦破、割伤和扎坏而引起漏电事故。

3）钻孔夹具

钻孔夹具分为钻头夹具和工件夹具两种。

（1）钻头夹具。钻头夹具有钻夹头、钻套，如图6-9所示。

（a）钻夹头的外形　（b）钻头的装夹　（c）钻夹头的结构图

图6-9　用钻夹头装夹钻头

用钻夹头装夹：钻夹头用来装夹直径小于13 mm的圆直柄钻头，如图6-9(a)所示是钻夹头和钥匙的外形。装夹时先将钻头的圆柱柄部塞入钻夹头的三卡爪内，其夹持长度不能小于15 mm，如图6-9(b)所示。然后用钻夹头钥匙旋转外套，使外套内环形螺母带动三只卡爪夹紧或松开钻头，移动如图6-9(c)所示。

锥柄钻头的装拆：锥柄钻头用柄部的莫氏锥体直接与钻床主轴连接。连接时必须将钻头锥柄及主轴锥孔擦干净，且使矩形扁尾与主轴上的腰形孔对准，利用加速冲力一次装接，如图 6-10 所示。拆卸时用斜铁敲入钻床主轴上的腰形孔内,斜铁带圆弧的一边要向上与腰形孔接触,再用锤子敲击斜铁后端,利用斜铁斜面所产生的分力使钻头与主轴分离,如图 6-10 所示。当钻头的锥柄小于主轴锥孔时,可加锥度套筒,如图 6-9 所示,用来连接的套筒按其大小共有 5 号,其中:

安装钻头　　拆卸钻头　　各种锥度套筒

图 6-10　锥柄钻头的装拆

1 号套筒——内锥孔为 1 号莫氏锥度,外圆锥为 2 号莫氏锥度。

2 号套筒——内锥孔为 2 号莫氏锥度,外圆锥为 3 号莫氏锥度。

3 号套筒——内锥孔为 3 号莫氏锥度,外圆锥为 4 号莫氏锥度。

4 号套筒——内锥孔为 4 号莫氏锥度,外圆锥为 5 号莫氏锥度。

5 号套筒——内锥孔为 5 号莫氏锥度,外圆锥为 6 号莫氏锥度。

当钻床主轴锥孔与钻头锥柄相差较多时,若用几个套筒配接起来使用,将增加装拆的麻烦,还增加了钻头与钻床主轴的同轴度误差。因此,可采用特制的锥套,如内锥孔为 1 号莫氏锥度,而外圆锥则为 3 号莫氏锥度或更大号数的锥度。

用快换钻夹头装夹:在钻床加工不同尺寸或不同精度孔的工件时,需要经常调换直径不同的钻头或铰刀。此时,若仍用普通钻夹头或锥度套筒来装夹刀具,就很不方便,可采用快换钻夹头,可做到不停机快换,缩短装夹刀具的时间,大大提高了生产效率。

快换钻夹头的结构如图 6-11 所示。图中 5 是夹头体,它的莫氏锥柄装在钻床主轴孔内。3 是可换套,根据加工孔的需要准备许多个,并预先装好所需的刀具。可换套的外圆表面有两个凹坑,嵌入钢球 2 时便可传递动力。滑套 1 的内孔与夹头体为间隙配合,当需要更换刀具时不必停机,只要用手把滑套往上推,两粒钢球受离心力的作用,贴于滑套端部的大孔表面,此时便可将装有刀具的可换套取出,插入另一装有刀具的可换套,并放下滑套,使两粒钢球重新嵌入可换套的两个凹坑内,将可换套夹紧并带动刀具旋转。弹簧环 4 有上下两个,可限制滑套上下时的位置。

夹头体 5
弹簧环 4
可换套 3
钢球 2
滑套 1

图 6-11 用块换钻夹头装夹钻头

（2）工件夹具。钻孔时，根据工件不同的形状、钻削力以及钻孔直径的大小等情况，采用不同的装夹方法和选用不同夹具，以保证钻孔的质量和安全。常用的夹具有平口钳、V形铁、螺旋压板、角铁、手虎钳和三爪卡盘等，装夹方法如图 6-12 所示。

（a）平口钳　　　　　（b）V形铁

（c）螺旋压板　　　　　（d）角铁

（e）手虎钳　　　　　（f）三爪卡盘

图 6-12 工件的装夹方法

平口钳：在平整的工件上钻孔直径大于 8 mm 时用平口钳夹持。钻通孔时在工件下面垫一木块，平口钳用螺钉固定在钻床工作台面上，如图 6 - 12(a)所示。

Ｖ形铁：在轴、钢管、套筒等圆柱形类工件上钻孔时，可将工件放在 Ｖ 形铁夹具中加工，如图 6 - 12(b)所示。

螺旋压板：用螺旋压板装夹较大且钻孔直径在 $\phi 10$ mm 以上的工件，如图 6 - 12(c)所示。

角铁：用角铁装夹底面不平或加工基准在侧面的工件，如图 6 - 12(d)所示。

手虎钳：在小型工件或薄板件上钻 $\phi 6$ mm 以下的小孔，如果工件基面比较平整时可以用手虎钳夹持工件进行钻孔，如图 6 - 12(e)所示。

三爪卡盘：用三爪卡盘装夹圆柱工件在其端面钻孔，如图 6 - 12(f)所示。

4）薄板、深孔、不通孔的钻孔方法

（1）钻孔前的准备工作。

① 钻头刃磨：钻孔前如发现钻头切削部分磨损或切削条件有变化，或为了满足特殊需要而改变钻头切削部分形状时，必须进行刃磨。

② 检查钻床是否正常夹持工件。

③ 选择切削液：在钻削过程中，为降低切削温度、提高钻头的使用寿命和工件的加工质量，必须注入足够的切削液。

④ 切削用量的选择：切削用量包括切削深度、切削速度和进给量。钻孔时切削深度由钻头直径决定，所以只需选择切削速度和进给量。通常情况下，用小钻头钻孔时，切削速度可高些，进给量要小些；用大钻头钻孔时，切削速度要低些，进给量要适当大些。

⑤ 按划线钻孔时，应将孔中心打样冲眼，要求冲眼要小，位置要准确，并先试钻小凹坑，检验钻孔位置是否正确，然后再继续钻孔。对钻削直径较大的孔，应划出几个大小不等的检查圈，以便检查和纠正孔的位置。

（2）薄板的钻孔方法。

① 在薄钢板上钻孔时，由于工件刚性差，容易变形和振动，用标准麻花钻钻孔，工件受到轴向力时向下弯曲。当钻透时，工件回弹，使得切削刃突然切入过多而产生扎刀或将钻头折断，因此，需把钻头磨成薄板钻。这种钻头的特点是采用多刃切削，横刃短以减少轴向抗力，有利于薄板钻孔。

② 在薄钢板上钻孔时，由于工件刚性差，容易变形和振动，用标准麻花钻钻孔，工件受到轴向力时向下弯曲。可以在工件的下面垫上木板，将薄板放在木板上面钻孔。

（3）深孔的钻孔方法。

① 钻深孔时，每当钻头钻进深度达孔径 3 倍时，将钻头从孔内退出并及时排屑和冷却，防止切屑积瘤阻塞使钻头过度磨损或扭断，影响孔壁粗糙度，同时注意冷却。

② 钻直径较大的深孔时，一般是先用直径比较小的钻头钻出底孔，然后经一次或几次

扩孔。扩孔余量逐次减少，可以防止钻头的损坏。

③ 钻通孔而没有加长钻头时，可采用两边钻孔方法。

（4）不通孔的钻孔方法。

钻不通孔，利用钻床上的深度刻度盘来控制所钻孔的深度。

5）钻孔时经常可能产生的问题、原因及预防方法

钻孔时经常可能产生的问题、原因及预防方法如表 6-1 所示。

表 6-1　钻孔时可能产生的问题、原因及预防止方法

产生的问题	产 生 原 因	预 防 方 法
孔呈多角形	1. 钻头后角过大。 2. 两主切削刃不等长，顶角不对称	正确刃磨钻头
孔径大于规定尺寸	1. 两切削刃长度不等、高低不一致。 2. 钻床主轴径向摆动，工作台未锁紧有松动或钻夹头定心不准确。 3. 钻头弯曲，使钻头有过大的径向跳动误差	1. 正确刃磨钻头。 2. 修整主轴，锁紧工作台。 3. 更换钻头
孔壁粗糙	1. 钻头不锋利。 2. 钻头太短，排屑槽堵塞。 3. 进给量太大。 4. 冷却不足，冷却润滑液选用不当	1. 钻头修磨锋利。 2. 多提起钻头排除切屑或更换钻头。 3. 减少进给量。 4. 及时输入冷却液并正确选用
钻孔位置偏移或孔偏斜	1. 工件划线不正确。 2. 由于装夹不正确，工件表面与钻头不垂直。 3. 钻头横刃太长，定心不准，起钻后未纠正。 4. 钻床主轴与工作台不垂直。 5. 进给量过大，使钻头产生弯曲。 6. 工件装夹不稳。 7. 铸件有砂孔、气孔、缩孔	1. 正确划线。 2. 正确夹持工件并找正。 3. 磨短横刃。 4. 校正主轴与工作台垂直度。 5. 减小进给量。 6. 夹牢工件。 7. 缓慢进刀
工件部分折断	1. 钻头用钝仍继续钻孔。 2. 进给刀量过大。 3. 钻孔时未经常退钻排屑，切屑堵住螺旋槽。 4. 孔将钻通时没有减小进给量。 5. 工件未夹紧，钻孔时产生松动。 6. 铸件内碰到缩孔、砂孔、气孔。 7. 钻软金属时，钻头后角太大造成扎刀	1. 修磨锋利钻头。 2. 合理提高转速减小走刀量。 3. 钻深孔时经常退钻排屑。 4. 孔快钻透时，要适当减轻走刀压力。 5. 工件夹持要牢固。 6. 要减小进给量。 7. 正确刃磨钻头

续表

产生的问题	产生原因	预防方法
切削刃迅速磨损	1. 切削速度太高。 2. 未根据工件材料硬度来刃磨钻头角度。 3. 冷却润滑液不足。 4. 工件表皮或内部太硬或有砂眼、气孔等。 5. 进给量过大。 6. 钻薄板时钻头未修磨	1. 合理选择切削速度。 2. 按材质修磨钻头的切削角。 3. 充分冷却润滑。 4. 修磨钻头切削角或更换材料。 5. 减小进给量。 6. 采用薄板钻

6）钻孔注意事项

（1）钻孔前清除工作场地的一切障碍物体，检查钻床是否良好。

（2）钻孔时不准戴手套，工作服袖口的钮扣应扣好，长发操作者须戴好工作帽。

（3）工件和钻头要夹紧牢固。

（4）清除切屑要用刷子，不可用手去拉。高速切屑时产生的切屑绕在钻头上时，要用铁钩子去钩拉。

（5）钻床变速、搬动工件应先停车。钻通孔时，工件下面要垫木块或垫铁，防止钻坏工作台面。

（6）用钻夹头装夹钻头时要用钻头钥匙，不要用扁铁和锤子敲击，以免损坏夹头。工件装夹时，必须做好装夹面的清洁工作。

2. 锪孔

用锪钻对工件孔口形面加工的操作称为锪孔。

锪孔的主要形式有锪柱形沉头孔、锪锥形沉头孔、锪平孔口端平面，如图 6-13 所示。

（a）锪柱形沉头孔　　（b）锪锥形沉头孔　　（c）锪平孔口端平面

图 6-13　锪孔的形式

锪孔的主要作用：在工件的连接孔端锪出柱形或锥形沉头孔，用沉头螺钉埋入孔内有关零件连接进来，使外观整齐，装配位置紧凑；将孔端锪平，并与孔中心线垂直，能使连接螺栓（或螺母）的端面与连接件保持良好的接触。

1）锪孔及使用范围

（1）柱形锪孔主要用来锪圆柱形沉头孔。

（2）锥形锪孔钻用来锪锥形沉头孔，其结构如图 6-14 所示。锥形锪孔的锥角有 60°、75°、90°和 120°四种，其中 90°锥形锪孔钻用得最多。锥形锪孔钻直径 d 在 2～60 mm 之间，齿数为 4～12 个。

图 6-14　锥形锪钻

（3）端面锪钻专门来锪平孔口端面，其端面刀齿为切削刃；前端导柱用来导向定心，以保证孔端面与孔中心线的垂直度。

2）锪孔方法注意事项

（1）锪孔的操作方法与钻孔基本相似，但锪孔速度要慢些，是钻孔时速的 1/3～1/2。

（2）锪孔时的轴向抗力减小，采用手动进给力不宜过大。

（3）锪钻的切削刃高度要相同，角度对称，以利于均匀切削。

（4）锪孔时需要冷却润滑液，以保证锪孔质量，其选择与钻孔相同。

（5）为保证锪孔深度，在锪孔前先调整好钻床主轴的进给深度。

三、实训组织 ««««

本实训所用学时为 6 学时，每 4 人一个工位。

四、实训准备 ««««

（1）本实训配备台钻、手电钻、砂轮机、钻头和各种夹具等实训用品若干。

（2）钳工实训场所设备配备应齐全。

五、安全注意事项 ««««

（1）装夹钻头时用钻夹头钥匙，不要用扁铁和锤子敲击。

（2）钻削时严禁戴手套，长发操作者要戴工作帽。

（3）钻孔时，手的压力根据钻头的工作情况，以目测和感觉进行控制。落钻时钻头无弯曲。

（4）装卸钻头、工件和变换速度时，必须在停车状态下进行。

（5）钻头用钝后必须及时修磨锋利。

（6）钻孔前后必须清洁工作场地和钻床工作台面。

（7）尽量选用比较短的钻头来改磨锪钻，且刃磨时要保证两切削刃高低一致、角度对称，同时，在砂轮上修磨后再用油石修光，使切削均匀平稳，减少加工时的振动。

（8）要先调整好工件的螺栓通孔与锪钻同轴度，再做工件的夹紧。调整时，可旋转主轴试钻，使工件能自然定位。工件夹紧要稳固，以减少振动。

（9）锪孔时的切削速度应比钻孔低，一般为钻孔切削度的 1/2～1/3，同时，由于锪钻的轴向抗力较小，所以手动进给压力不宜过大，并要均匀。

（10）当锪孔表面出现多角形振纹等情况时，应立即停止加工，找出钻头刃磨等问题并及时修正。

（11）为控制锪孔深度，在锪孔前可用钻床上的深度标尺和定位螺母对钻床主轴（锪钻）的进给深度进行调整定位。

六、实训内容 《《《

（1）刃磨钻头实习。

（2）钻孔实习。

（3）锪孔操作实习。

七、实训步骤 《《《

1. 钻孔操作实习

1）刃磨钻头实习

刃磨钻头主要是对两个主后刀面进行磨削加工，刃磨后要得出所需要的正确几何角度，特别是磨后两主切削刃要等长，顶角 2ϕ 为 $118°±2°$ 且被钻头中心线平分。两个主后刀面要磨得光滑，横刃不宜太长，刃磨方法如图 6-15 所示。

（a）钻头与砂轮的位置　　　（b）刃磨操作

图 6-15　钻头的刃磨

（1）右手握住钻头的头部，左手握住柄部。

（2）钻头与砂轮的相对位置。要使钻头轴线与砂外轮圆柱母线在水平面内的夹角等于钻头顶角 2ϕ 的一半，被刃磨部分的主切削刃需处于水平位置，如图 6 - 15（a）所示。

（3）刃磨操作时，将主切削刃在略高于砂轮平面处先接触砂轮，如图 6 - 15（b）所示，右手将钻头绕自己的轴线由下向上转动，左手配合右手同步下压运动，两手适当施加刃磨压力，两手动作配合要协调、自然，如此不断反复，一条主切削刃磨好后，再调转磨另一条主切削刃，直至达到刃磨要求为止。

（4）为了防止刃磨时钻头过热退火而降低硬度，在操作过程中要经常蘸水冷却。

（5）钻头刃磨时，一般采用粒度为 46～80、硬度为中软 8(K、L) 的氧化铝砂轮为宜，砂轮旋转平稳，对跳动量大的砂轮必须进行修整。

（6）标准麻花钻刃磨后的基本检验方法如图 6 - 16 所示。检查时，用检验样板检查头顶角值以及两主切削刃的对称情况。

图 6 - 16　钻头刃磨后的检查

2）钻孔操作实习

按图 6 - 17 所示的技术要求钻孔实习。

（1）操作要求。

① 按图样要求划线。

② 掌握平口钳的使用方法。

③ 掌握台钻的正确使用方法。

④ 掌握通孔的钻削技术。

⑤ 工具、量具和设备。样冲、手锤、划规、钢尺、划针、麻花钻（6 mm、10 mm、12 mm）、砂轮机、台钻及平口钳。

图 6-17　钻头刃磨后的检查

（2）操作步骤。

① 在工件表面涂色，并按图样划线。

② 在孔中心打样冲眼，冲眼的位置要求准确，冲眼要小。

③ 按所钻孔的直径大小选择麻花钻，并检查钻头的几何形状和角度是否符合要求。

④ 检查台钻是否运转正常。根据工件材料的性质和所钻孔径的大小，确定钻削速度、走刀量，并选择好钻削冷却液。

⑤ 在台钻上用钻头钥匙和钻夹头安装钻头。

⑥ 根据工件形状选择平口钳夹具，并在平口钳上夹好工件，不要松动；需钻通孔，应在工件下方衬垫板块。

⑦ 先试钻一凹槽，待确认对准中心孔时再钻。钻孔时，应该用右手下拉进给手柄，使钻头紧压在工件上，注意所用压力不能使钻头弯曲，孔快要钻透时切削用力要小些。

⑧ 若钻孔直径大于 6 mm，每当钻头钻进深度是孔径 3 倍时，必须将钻头退出孔内，及时排出切屑。

⑨ 检查钻削情况和质量，去毛刺。

⑩ 在斜面上钻孔。先用铣刀在斜面上铣出一个平台，然后定出中心后钻孔。

2. 锪孔操作实习

按图 6-18 所示要求进行锪孔操作实习。

图 6-18 钻头刃磨后的检查

(1) 操作要求。

① 掌握锪钻以及零件加工的基本方法。

② 正确刃磨锪钻，合理选择切削液。

(2) 工具及量具。锪钻、角度尺、深度尺、游标卡尺、M6 开槽沉头螺钉、M8 内六角圆柱头螺钉(作试配检查用)。

(3) 练习用麻花钻练习刃磨 90°锥形锪钻和平底钻。

(4) 操作方法。

① 按图样尺寸划线。

② 钻 4-ϕ7 mm 孔，然后锪 90°锥形沉头孔，深度按图样要求，并用 M6 螺钉作试配检查。

八、实训成果

(1) 通过本实训检验是否能够正确安装、选择钻头。

(2) 通过钻孔操作来检验是否能正确进行钻孔操作。

(3) 钻孔、锪孔实训考评记录表。

钻孔、锪孔实训考评记录表

班级：_____   学号：_____   姓名：_____

序号	考评内容	分值	评分标准	得分	扣分原因
1	能根据加工工件材料的不同正确选择钻头	5	错误或使用错误一件/次，－2分		
2	正确安装钻头	5	安装错误，－5分		
3	钻孔时工件的夹持是否正确、合理	10	工件夹持不当，－10分		
4	钻通孔时的操作	15	冲眼位置不当，－5分；钻孔方法不当，－10分		
5	钻不通孔时的操作	15	冲眼位置不当，－5分；钻孔方法不当，－10分		
6	钻头的刃磨	15	刃磨姿势不当，－5分；钻头刃磨后不符合要求不得分		
7	锪孔的正确选用	15	选用不正确不得分		
8	锪孔的正确操作	10	锪孔时操作方法不正确不得分		
9	操作中的安全、文明生产	10	违章操作，视情节扣分		
10	成 绩 总 评				

教师评语：

教师签名：_____

日　　期：_____

项目七 攻螺纹、套螺纹

一、实训目标

(1) 通过本实训掌握螺纹底孔直径和套螺纹圆杆直径的确定方法。

(2) 掌握攻、套螺纹方法。

(3) 熟悉丝锥折断和攻、套螺纹中常见问题的产生原因和防止方法。

二、相关知识

用丝锥加工工件内螺纹的操作叫攻螺纹,用板牙加工工件外螺纹的操作叫套螺纹。目前,常见的螺纹是三角螺纹。三角螺纹的主要尺寸有外径、内径,外径是螺纹的最大直径,即螺纹的公称直径。

1. 攻螺纹

1) 丝锥与绞杠

丝锥是加工内螺纹的工具,如图 7-1 所示,一般用工具钢或高速钢经过淬火硬化而成,主要由切削部分、校准部分和颈部组成。按加工螺纹种类的不同有:普通三角螺纹丝锥,其中 M6~M24 的丝锥为二只一套,小于 M6 和大于 M24 的丝锥为三只一套;圆柱管螺纹丝锥,为二只一套;圆锥管螺纹丝锥,大小尺寸均为单只。按加工方法分为机用丝锥和手用丝锥。

（a）丝锥的结构　　　　　　　　（b）丝锥的切削角度

图 7-1　丝锥

绞杠是用来夹持丝锥的工具，有普通绞杠(见图 7-2)和丁字绞杠(见图 7-3)两类。丁字绞杠主要用在攻工件凸台旁的螺纹或机体内部的螺纹。各类绞杠又有固定式和活动式两种。固定式绞杠常用于攻 M5 以下的螺纹；活动式绞杠可以调节夹持孔尺寸，夹持不同大小的丝锥，缺点是在使用中容易滑脱。

(a)固定绞杠

(b)活动绞杠

图 7-2　普通绞杠

(a)活动丁字绞杠　　　　　(b)固定丁字绞杠

图 7-3　丁字绞杠

2) 攻螺纹底孔直径的确定

确定底孔直径的大小要根据工件的材料性质、螺纹直径的大小来考虑，其方法可查阅机械加工手册或由下列经验公式计算选取。

(1) 公制螺纹底孔直径计算公式。

脆性材料：

$$D_{底} = D - 1.05P$$

韧性材料：

$$D_{底} = D - P$$

式中：$D_{底}$——底孔直径，mm；

D——螺纹外径，mm；

P——螺距，mm。

例：分别在中碳钢和铸铁上攻 M12×1.5 的螺纹，求各自的钻孔直径。

中碳钢属于韧性材料，底孔直径为

$$D_底 = D - P = 12 - 1.5 = 10.5 \text{ mm}$$

铸铁属于脆性材料，底孔直径为

$$D_底 = D - 1.05P = 12 - 1.05 \times 1.5 \approx 10.4 \text{ mm}$$

所以，攻同样的螺纹，材料不同，钻孔的直径不同。

（2）英制螺纹底孔直径的经验计算式。

脆性材料：

$$D_底 = 25\left(D - \frac{1}{n}\right)$$

韧性材料：

$$D_底 = 25\left(D - \frac{1}{n}\right) + (0.2 \sim 0.3)$$

式中：$D_底$——底孔直径，mm；

D——螺纹外径，mm；

n——每英寸牙数。

3）不通孔螺纹的钻孔深度

钻不通孔螺纹的底孔时，由于丝锥的切削部分不能攻出完整的螺纹，所以钻孔深度至少要等于需要的螺纹深度加上螺纹切削部分的长度。这段增加的长度大约等于螺纹大径的0.7 倍，即

$$L = 1 + 0.7D$$

式中：L——钻孔深度，mm；

Z——螺纹深度，mm；

D——螺纹大径，mm。

4）攻螺纹方法

（1）画线，计算底孔直径，然后选择合适的钻头钻出底孔。

（2）在螺纹底孔的孔口倒角，通孔时螺纹两端都倒角，倒角处直径可略大于螺孔大径，这样可使丝锥开始切削时容易切入，并可防止孔口出现挤压出的凸边。

（3）用头锥起攻。起攻时，可用手掌按住绞杠中部，沿丝锥轴线用力加压，另一手配合顺向旋进（见图 7-4）；或两手握住绞杠两端均匀施加压力，并将丝锥顺向旋进（见图 7-4）。应保证丝锥中心线重合，不歪斜。在丝锥攻入 1～2 圈后，应及时从前后、左右两个方向用

90°直角尺进行检查（见图7-5），并不断校正直至满足要求。

（a）第一种方法　　　　　　　　（b）第二种方法

图7-4　攻螺纹的方法

图7-5　检查攻螺纹垂直度

（4）当丝锥的切削部分全部进入工件时，就不需要再施加压力，而靠丝锥自然旋进切削。此时，两手旋转用力要均匀，一般顺时针转1～2圈，就需要倒转1/4～1/2圈，使切屑碎断后容易排除，避免因切屑阻塞而使丝锥卡住。

（5）攻螺纹时，必须以头锥、二锥、三锥顺序攻削至标准尺寸。在较硬的材料上攻螺纹时，可轮换各丝锥交替攻下，以减小切削部分的负荷，防止丝锥折断。

（6）攻不通孔时，可在丝锥上做好深度标记，并要经常退出丝锥，以清除留在孔内的切屑，否则会因切屑堵塞使丝锥折断或达不到深度要求。当工件不便倒转进行清屑时，可用弯曲的小管子吹出切屑，或用磁性针棒吸出。

（7）攻韧性材料的螺孔时，要加切削液，以减小切削阻力，减小加工螺孔的表面粗糙度和延长丝锥寿命。攻钢件时用机油，螺纹质量要求高时可用工业植物油，攻铸铁件时可加煤油。

5）丝锥的修磨

当丝锥的切削部分磨损时，可以修磨其后刀面（见图 7-6）。修磨时要注意保持各刃瓣的半锥角 ϕ 及切削部分长度的准确性和一致性。转动丝锥时要留心，不要使另一刃瓣的刀齿碰擦而磨坏。当丝锥的校正部分有显著磨损时，可用棱角修圆的片状砂轮修磨其前刀面（见图 7-7），并控制好一定的前角 γ_0。

图 7-6 修磨丝锥后刀面

图 7-7 修磨丝锥前刀面

2. 套螺纹

1）圆板牙与绞杠（板牙架）

板牙是加工外螺纹的工具，常用的圆板牙如图 7-8 所示。其外圆有两个锥坑，其轴线与板牙直径方向一致，借助绞杠（见图 7-9）上两个相应位置的紧固螺钉顶紧后，用于套螺纹时传递扭矩。

图 7-8 圆板牙

图 7-9　圆板牙绞杠

2) 圆杆直径及端部倒角

套螺纹时的圆杆直径及端部倒角与攻螺纹一样，套螺纹切削过程中也有挤压作用，因此，圆杆直径要小于螺纹大径，可用下列经验计算式确定。

$$d_{杆} = d - 0.13P$$

式中：$d_{杆}$——圆杆直径，mm；

d——螺纹大径，mm；

P——螺距，mm。

例：在铸铁杆上套 M12×1.5 的螺纹，求杆的直径。

$$d_{杆} = d - 0.13P = 12 - 0.13 × 1.5 ≈ 11.8 \text{ mm}$$

为了使板牙起套时容易切入工件并正确地引导，圆杆端部要倒角——倒成锥半角为 15°～20°的锥体(见图 7-10)，其倒角的最小直径应该略小于螺纹小径，避免螺纹端部出现锋口和卷边。

圆杆

15°～20°

图 7-10　套螺纹时圆杆的倒角

3) 套螺纹方法

(1) 套螺纹时的切削力矩较大，且工件都为圆杆，一般要用 V 形夹块或厚铜衬作衬垫，使圆杆垂直夹持在台虎钳上才能保证可靠夹紧。

（2）起套方法与攻螺纹起攻方法一样，一手用手掌按住绞杠中部，沿圆杆轴向施加压力，另一手配合作顺向切进，转动要慢，压力要大，并保证板牙端面与圆杆轴线的垂直度，不歪斜。在板牙切入圆杆 2～3 牙时，应及时用直角尺在最少两个方向上检查其绞杠与圆杆的垂直度并作准确校正。

（3）正常套螺纹时，不需要加压，让板牙自然引进，以免损坏螺纹和板牙，也要经常倒转以断屑。

（4）在钢件上套螺纹时要加切削液，以减小加工螺纹的表面粗糙度和延长板牙的使用寿命，一般可用机油或较浓的乳化液，要求高时可用工业植物油。

4）注意事项

（1）在钻 M20 螺纹底孔时要用立钻，必须先熟悉机床的使用、调整方法，然后再进行加工，并注意安全操作。

（2）起攻、起套时，要从两个方向进行垂直度的及时校正，这是保证攻、套螺纹质量的重要一环。特别在套螺纹时，由于板牙切削部分的锥角较大，起套时的导向性较差，容易产生板牙端面与圆杆轴心线的不垂直，切出的螺纹牙形一面深一面浅，并随着螺纹长度的增加，其歪斜现象将明显增加，甚至不能继续切削。

（3）起攻、起套的正确性以及攻、套螺纹时能控制两手用力均匀和掌握好用力限度，是攻、套螺纹的基本功之一，必须用心掌握。

（4）熟悉攻、套螺纹中常出现的问题及其产生原因和预防方法（见表 7-1），以便在练习时加以注意。

表 7-1　攻螺纹和套螺纹时可能出现的问题、产生原因和预防方法

出现问题	产　生　原　因	预　防　办　法
螺纹乱牙	1. 攻螺纹时底孔直径太小，起攻困难，左右摆动，孔口乱牙。 2. 换用二、三锥时强行校正，或没旋合好就攻下。 3. 圆杆直径过大，起套困难，左右摆动，杆端乱牙。 4. 板牙与圆杆不垂直，套螺纹过程中强行纠正	1. 认真检查底孔，选择合适的底孔钻头将孔扩大后重新攻丝。 2. 应该先用手将二锥旋入螺纹孔，使头锥和二锥中心重合。 3. 将圆杆加工成符合要求的直径后套螺纹。 4. 随时检查板牙与圆杆的垂直度

出现问题	产　生　原　因	预　防　办　法
螺纹滑牙	1. 攻不通孔的较小螺纹时，丝锥已到底仍继续转。 2. 攻强度低或小孔径螺纹，丝锥已切出螺纹仍继续加压，或攻完时连同绞杠作自由的快速转出。 3. 未加适当切削液及一直攻、套不倒转，切屑堵塞将螺纹啃坏	1. 攻不通孔的较小螺纹时，丝锥到底后应该立刻停止、退出。 2. 攻强度底或小孔径螺纹，丝锥切入螺纹不应该再继续加压。 3. 添加适当切削液，并随时注意倒转，防止切屑将螺纹啃坏
螺纹歪斜	1. 攻、套螺纹时位置不正，起攻、套时未作垂直度检查。 2. 孔口、杆端倒角不良，两手用力不均，切入时歪斜	1. 攻、套时位置一定要正确。起攻、套时应该首先做垂直度检查。 2. 孔口、杆端应该倒角，两手用力要均匀，防止切入时歪斜
丝锥折断	1. 底孔太小。 2. 攻入时丝锥歪斜或歪斜后强行校正。 3. 没有经常反转断屑和清屑，或不通孔攻到底还继续攻下。 4. 使用绞杠不当。 5. 丝锥齿爆裂或磨损过多而强行攻下。 6. 工件材料过硬或夹有硬点 7. 两手用力不均或用力过猛	1. 合理选择钻头，钻底孔。 2. 攻入时应该检查丝锥与工件的垂直度。 3. 经常反转断屑和清屑，或不通孔攻到底，立刻停止。 4. 正确使用绞杠。 5. 合理选用丝锥，对于破损的丝锥应予以更换。 6. 工件材料过硬或夹有硬点时应该注意动作要轻，防止用力过猛。 7. 要求两手用力均匀

三、实训组织

本实训所用学时为 4 学时，每人一个工位。

四、实训准备

（1）准备钻头、台钻、丝锥、板牙、绞手、工件等实训用品。

（2）钳工实训场所设备配备应齐全。

五、安全注意事项 《《《

（1）钻孔时注意安全，要求同前。

（2）注意安全操作，不能损坏丝锥。

六、实训内容 《《《

（1）攻螺纹。

（2）套螺纹。

七、实训步骤 《《《

1. 攻螺纹

（1）按实习图（见图 7 - 11）的尺寸要求划出各螺纹的加工位置线。

说明：1. 工件1的厚度应该大于10 mm。

2. 工件2完成后，应该能够与相应的螺杆配合。

3. 工件3（d 分别为M8、M10；L 为150 mm；L_1 为30 mm；L_2 为40 mm）。

图 7 - 11　操作图示

（2）计算钻孔所需要的钻头直径，选择合适的钻头。

① M6×1 的螺纹底孔直径：

$$D_底 = D - P = 6 - 1 = 5 \text{ mm}$$

② M8×1 的螺纹底孔直径：

$$D_底 = D - P = 8 - 1 = 7 \text{ mm}$$

③ M12×1.5 的螺纹底孔直径：

$$D_底 = D - P = 12 - 1.5 = 10.5 \text{ mm}$$

④ M20×1.5 的螺纹底孔直径：

$$D_底 = D - P = 20 - 1.5 = 18.5 \text{ mm}$$

（3）钻各螺纹底孔，并对孔口进行倒角。

（4）依次利用丝锥在工件上攻制 M6、M8、M12 以及 M20 螺纹，并用相应的螺钉进行配检。具体方法见前面所述。

2. 套螺纹

（1）按图样尺寸下料。

（2）根据公式计算所需要的圆杆的直径。

① 套制 M8 螺栓的螺纹需要的圆杆的直径：

$$d_杆 = d - 0.13P = 8 - 0.13 \times 1.5 = 7.8 \text{ mm}$$

② 套制 M10 螺栓的螺纹需要的圆杆的直径：

$$d_杆 = d - 0.13P = 10 - 0.13 \times 1.5 = 9.8 \text{ mm}$$

（3）按前述套螺母方法，将圆杆固定夹持在台钳上，分别套制两端分别为 M8、M10、M12 三件双头螺栓的螺纹，并用相应的螺母进行配验。

八、实训成果 ◁◁◁

（1）通过本实训检验是否能够正确使用丝锥加工螺纹。

（2）通过本实训检验是否能够正确使用板牙加工螺纹。

（3）攻螺纹、套螺纹实训考评记录表。

攻螺纹实训考评记录表

班级：_____　　　学号：_____　　　姓名：_____

序号	考评内容	分值	评分标准	得分	扣分原因
1	正确选用头锥、二锥、三锥	5	错误或使用错误一件/次，-2分		
2	丝锥在绞手上的正确固定安装	5	安装错误，-5分		
3	攻螺纹时工件的夹持是否正确、合理	10	工件夹持不当，-10分		
4	攻螺纹时底孔直径的确定	15	底孔直径的确定错误不得分		
5	底孔的钻孔	15	参考钻孔操作给分		
6	攻螺纹时的姿势和方法	15	姿势不当，-5分；方法不当不得分		
7	攻螺纹时丝锥与工件垂直度的检查	10	检查方法不当，-5分；不检查不得分		
8	螺纹质量的检验	15	螺纹不整齐不得分；与标准件配合视情况得分		
9	操作中的安全、文明生产	10	违章操作，视情节扣分		
10	成　绩　总　评				

教师评语：

教师签名：_____

日　　期：_____

套螺纹实训考评记录表

班级：_____ 学号：_____ 姓名：_____

序号	考评内容	分值	评分标准	得分	扣分原因
1	正确选用板牙	5	错误或使用错误一件/次，－2分		
2	板牙在牙架上的正确固定安装	5	安装错误，－5分		
3	套螺纹的圆杆夹持是否正确、合理	10	工件夹持不当，－10分		
4	套螺纹时圆杆直径的确定	15	圆杆直径的确定错误不得分		
5	圆杆的倒角	15	视倒角情况给分，未倒角不给分		
6	套螺纹时的姿势和方法	15	姿势不当，－5分；方法不当，－10分		
7	套螺纹时板牙与圆杆垂直度的检查	10	检查方法不当，－5分；不检查不得分		
8	螺纹质量的检验	15	螺纹不整齐不得分；与标准件配合视情况得分		
9	操作中的安全、文明生产	10	违章操作，视情节扣分		
10	成　绩　总　评				

教师评语：

教师签名：_____

日　　期：_____

项目八 刮 削

一、实训目标

（1）通过本实训熟悉刮削的特点和应用。

（2）了解刮刀的材料、种类、结构和平面刮刀的尺寸及几何角度。

（3）能进行平面刮刀的热处理和刃磨。

（4）掌握手刮方法，做到刮削姿势正确，用力正确，刀迹控制准确，刮点合理。

（5）掌握用基准平板研点方法。

（6）能合理选择和应用显示剂。

（7）达到无深撕痕和振痕，刀迹长度约 6 mm、宽度约 5 mm 并整齐一致，接触点均匀，每 25 mm×25 mm 面积上有 8～12 点的细刮要求。

（8）掌握曲面刮刀的热处理和刃磨。

（9）掌握曲面刮削的姿势和操作要领，并能达到规定的技术要求。

二、相关知识

1. 刮刀的种类、刃磨和热处理

利用刮刀对工件表面采用负前角切削，有推挤压光的作用，能使工件表面光洁、组织紧密。刮削一般是利用标准件或立配件对工件进行涂色、显点来确定其加工部位，能保证工件有较高的形位精度和精密配合。

刮削一般应用于对零件的形位精度和尺寸精度要求较高时、互配件配合精度要求较高时、装配精度要求较高时，以及零件需要得到美观的表面时。

刮刀头一般由 T12A 碳素工具钢或耐磨性较好的 GCrl5 滚动轴承钢锻造，并经磨制和热处理淬硬而成。刮刀分平面刮刀和曲面刮刀两大类。

1）平面刮刀

平面刮刀用来刮削平面和外曲面，分为普通刮刀和活头刮刀两种，如图8-1所示。

普通刮刀

活头刮刀

图8-1　平面刮刀

按所刮表面精度不同，平面刮刀可分为粗刮刀、细刮刀和精刮刀三种，尺寸如表8-1所示。

表8-1　平面刮刀的规格（mm）

	全长（L）	宽度（B）	厚度（e）
粗刮刀	450～600	25～30	3～4
细刮刀	400～500	15～20	2～3
精刮刀	400～500	10～12	1.5～2

活头刮刀采用碳素工具或轴承钢制作，刀身则用中碳钢通过焊接或机械装夹两者制成。

2）曲面刮刀

曲面刮刀用来刮削内曲面，如滑动轴承等，主要有三角刮刀和蛇头刮刀两种。

（1）三角刮刀可由三角锉刀改制或用工具钢锻制而成。一般三角刮刀有三个长弧形刀刃和三条长的凹槽（见图8-2）。

图 8-2 曲面刮刀

（2）蛇头刮刀由工具钢锻制成型。它利用两圆弧面刮削内曲面，其特点是有四个刃口。为了使平面易于磨平，在刮刀头部两个平面上各磨出一条凹槽（见图 8-3）。

图 8-3 平面刮刀头部形状和角度

3）平面刮刀的刃磨和热处理

（1）平面刮刀的几何角度。刮刀的角度按粗、细、精刮的要求而定。三种刮刀顶端角度如图 8-3 所示：粗刮刀为 $90°\sim 92.5°$，刀刃平直；细刮刀为 $95°$ 左右，刀刃稍带圆弧；精刮刀为 $97.5°$ 左右，刀刃带圆弧。刮韧性材料的刮刀可磨成正前角，但这种刮刀只适用于粗刮。刮刀平面应平整光洁，刃口无缺陷。

（2）粗磨。粗磨时分别将刮刀两平面贴在砂轮侧面上，开始时应先接触砂轮边缘，再慢慢平放在侧面上，不断地前后移动进行刃磨（见图 8-4），使两面都达到平整，使刮刀在全宽上用肉眼看不出有显著的厚薄差别。

刃磨端部

刃磨平面

刃磨前端

图 8-4 平面刮刀在砂轮上粗磨

然后粗磨顶端面,把刮刀的顶端放在砂轮轮缘上平稳地左右移动刃磨(见图 8-4),要求端面与刀身中心线垂直,磨时应先以一定倾斜度与砂轮接触,再逐步按图示箭头方向转动至水平。如果直接按水平位置靠上砂轮,刮刀会颤抖不易磨削。

(3)热处理。将粗磨好的刮刀放在炉火中缓慢加热到 780~800℃(呈樱红色),加热长度为 25 mm 左右,取出后迅速放入冷水中(或 10% 的盐水中)冷却,浸入深度约为 8~10 mm。刮刀接触水面时作缓缓平移和间断地少许上下移动,这样可不使淬硬部分留下明显界限。当刮刀露出水面部分呈黑色,由水中取出观察其刃部颜色为白色时,迅速把整个刮刀浸入水中冷却,直到刮刀全冷后取出即成。热处理后刮刀切削部分硬度应在 HRC60 以上,用于粗刮。精刮刀及刮花刮刀,淬火时可用油冷却,刀头不会产生裂纹,金属的组织较细,容易刃磨,切削部分硬度接近 HRC60。

(4)细磨。热处理后的刮刀要在细砂轮上细磨,基本达到刮刀的形状和几何角度要求。刃磨时必须经常蘸水冷却,避免刀口部分退火。

(5)精磨。刮刀精磨须在油石上进行。操作时在油石上加适量机油,先磨两平面直至平面平整,表面粗糙度度 R_a<0.2 mm,然后精磨端面(见图 8-5),刃磨时左手扶住手柄,右手紧握刀身,使刮刀直立在油石上,略带前倾(前倾角度根据刮刀 B 角的不同而定)地向前推移,拉回时刀身略微提起,以免磨损刃口,如此反复,直到切削部分形状和角度符合要求,且刃口锋利为止。初学时还可将刮刀上部靠在肩上,两手握刀身,向后拉动来磨锐刃口,而向前则将刮刀提起(见图 8-5)。此法速度较慢,但容易掌握,在初学时常先采用此方法练习,待熟练后再采用前述磨法。

磨平面　　　　手持磨顶端面　　　靠肩双手握持磨顶端面

图 8-5　刮刀在油石上精磨

4)刃磨时的安全知识和文明生产要求

(1)刮刀毛坯锻打后应先磨去棱角及边口毛刺。

(2)刃磨刮刀端面时,力的作用方向应通过砂轮轴线,应站在砂轮的侧面或斜侧面。

(3)刃磨时施加压力不能太大,刮刀应缓慢接近砂轮,避免刮刀颤抖过大造成事故。

(4)热处理工作场地应保持整洁,淬火操作时应小心谨慎,以免灼伤。

5）注意事项

（1）在粗磨平面时，必须使刮刀平面稳固地贴在砂轮的侧面上，每次磨削应均匀一致，否则磨出的平面不平，以致多次刃磨使刮刀磨薄。

（2）淬火温度是通过刮刀加热时的颜色控制的，因此要掌握好樱红色的特征。加热温度太低，刮刀不能淬硬；加热温度太高，会使金属内部组织的晶粒变得粗大，刮削时易出现丝纹。

（3）刃磨刮刀平面与端面的油石应分开使用，刃磨时不可将油石磨出凹槽，其表面不应有纱头和铁屑等杂质。

2. 手刮法

1）手刮法

手刮的姿势如图8-6所示，右手如握锉刀柄姿势，左手四指向下握住近刮刀头部约50 mm处，将表面削成20°～30°角。同时，左脚前跨一步，上身随着往前倾斜，这样可以增加左手压力，也易看清刮刀前面点的情况。刮削时右手随着上身前倾，使刮刀向前推进，左手下压，落刀要轻，当推进到所需要的位置时，左手迅速提起完成一个手刮动作。练习时以直刮为主。

图8-6 手刮法

手刮法动作灵活，适应性强，适用于各种工作位置，对刮刀长度要求也不太严格，姿势可合理掌握，但手较易疲劳，故不适用于加工余量较大的场合。

2）显示剂的应用

常用显示剂有：红丹粉（分褐红色铁丹和桔红色铅丹），由机油调和，用于铸铁和钢件；蓝油，由普鲁士蓝粉和蓖麻油加适量机油调和而成，用于铜和巴氏合金等软金属。粗刮时可调得稀些，涂层可略厚些，以增加显点面积；精刮时应调得稠些，涂层薄而均匀，从而保证显点小而清晰。刮削临近符合要求时，显示剂涂层更薄，把工件上在刮削后的剩余显示剂涂抹均匀即可。显示剂在使用过程中应注意清洁，避免砂粒、铁屑和其他污物划伤工件表面。

3）显示研点方法

用标准平板作涂色显点时，平板应放置稳定。工件表面涂色后放在平板上，均匀地施加适当压力，并作直线或回转研点运动。粗刮研点时移动距离可略长些，精刮研点时移动距离应小于 30 mm，以保证准确显点。当工件长度与平板长度相差不多时，研点时其错开距离不能超过工件本身长度的 1/4。刮削表面应无明显丝纹、振痕及落刀痕迹。刮削刀迹应交叉，粗刮时刀迹宽度应为刮刀宽度的 2/3～3/4，长度为 15～30 mm，接触点为每 25 mm×25 mm面积上均匀达到 4～6 点。细刮时刀迹宽度约 5 mm，长度约 6 mm，接触点为每 25 mm×25 mm 面积上均匀达到 8～12 点。精刮时刀迹宽度和长度均小于 5 mm，接触点为每 25 mm×25 mm 面积上 20 点以上。

4）刮削点数的计数方法

当刮削面积较小时，用单位面积（即 25 mm×25 mm 面积）上有多少接触点来计数，计数时各点连成一体者，则作一点计，并取各单位面积中最少点数计。当刮削面积较大时，应采取平均计数，即在计算面积（规定为 100 cm²）内作平均计算。

5）刮削面缺陷的分析

刮削面的缺陷形式及其产生原因如表 8-2 所示。

表 8-2　刮削面的缺陷形式及其产生原因

缺陷形式	特　征	产生原因
深凹痕	刀迹太深，局部显示点稀少	1. 粗刮时用力不均匀，局部落刀太重。 2. 多次刀痕重叠。 3. 刀刃圆弧过小
梗痕	刀迹单面产生刻痕	刮削时用力不均匀，使刃口单面切削
撕痕	刮削面上呈粗糙刮痕	1. 刀刃不光洁、不锋利。 2. 刀刃有缺口或裂纹
落刀或起刀痕	在刀迹的起始或终了处产生深的刀痕	落刀时，左手压力和速度较大及起刀不及时
振痕	刮削面上呈现有规则的波纹	多次同向切削，刀迹没有交叉
划道	刮削面上划有深浅不一的直线	显示剂不清洁，或研点时混有砂粒和铁屑等杂物
切削面精度不高	显点变化情况无规律	1. 研点时压力不均匀，工件外露太多而出现假点子。 2. 研具不正确。 3. 研点时放置不平稳

6) 注意事项

(1) 操作姿势要正确，落刀和起刀正确合理，防止梗刀。

(2) 涂色研点时，平板必须放置稳定，施力要均匀，以保证研点显示真实。研点表面必须保持清洁，防止平板表面划伤拉毛。

(3) 细刮时每个研点尽量只刮一刀，逐步提高刮点的准确性。

3. 曲面刮削

1) 曲面刮刀的刃磨

三角刮刀的刃磨和热处理(见图8-7)，先将锻好的毛坯在砂轮上进行刃磨，其方法是先右手握刀柄，使它按刀刃形状进行弧形摆动，同时在砂轮宽度上来回移动，基本成型后，将刮刀调转，顺着砂轮外圆柱面进行修整。接着将三角刮刀的三个圆弧面用砂轮角开槽(目的是便于精磨)。槽要磨在两刃中间，磨时刮刀应稍作上下和左右移动，使刀刃边上只留有2～3 mm的棱边。三角刮刀的淬火长度应为刀刃全长。方法和要求与平面刮刀相同。淬火后必须在油石上精磨，如图8-7所示：右手握柄，左手轻压刀刃，两刀刃同时放在油石上，精磨时顺着油石长度方向来回移动，并按弧形作上下摆动，把三个弧面全面磨光洁，刀刃磨锋利。

图8-7　三角刮刀的磨削

2) 内曲面刮削姿势

(1) 第一种姿势如图8-8所示，右手握刀柄，左手掌心向下四指横握刀身，拇指抵着刀身。刮削时左、右手同作圆弧运动，且顺曲面使刮刀作后拉或前推运动，刀迹与曲面轴线约成45°夹角，且交叉进行。

(2) 第二种姿势如图8-8所示，刮刀柄搁在右手臂上，双手握住刀身。刮削时动作和刮刀运动轨迹与第一种姿势相同。

第一种姿势

第二种姿势

图 8-8 内曲面的刮削

3) 外曲面的刮削姿势

如图 8-9 所示，刮削外曲面时，两手捏住平面刮刀的刀身，用右手掌握方向，左手加压或提起。刮削时刮刀面与轴承端面倾斜角约为 30°，也称交叉刮削。

图 8-9 外曲面的刮削

4）曲面刮削的要点

（1）刮削有色金属（如铜合金）时，显示剂可选用蓝油，精刮时可用蓝色或黑色油墨代替，使显点色泽分明。

（2）研点时应沿曲面作来回转动，精刮时转动弧长应小于 25 mm，切忌沿轴线方向作直线研点。

（3）曲面刮削的切削角度和用力方向如图 8-10 所示：粗刮时前角大些，精刮时前角小些；蛇头刮刀的刮削与平面刮刀刮削一样，是利用负前角进行切削的。

（a）刮削角度　　　　　（b）用力方向

图 8-10　曲面刮削的切削角度

（4）内孔刮削精度的检查，也是以 25 mm×25 mm 面积内接触的点数而定的，一般要求中间点可以少些，而前后端则多些。

5）注意事项

（1）操作姿势要正确。

（2）练习中要不断探索并掌握好刮削动作要领和用力技巧，以达到不产生明显的振痕和起落刀印迹为准。

（3）注意刮点的准确性。

三、实训组织 《《《

本实训所用学时为 2 学时，每 4 人一个工位。

四、实训准备 《《《

（1）准备刮刀、砂轮机、平板等。

（2）钳工实训场所设备应配备齐全。

五、安全注意事项 ◀◀◀

（1）不能将刮刀插在口袋中。

（2）不能使用没有刀柄的刮刀。

（3）不能用嘴吹刮屑。

（4）不能用手直接清除刮屑。

（5）在砂轮机上修磨刮刀时，应该站在砂轮机的侧面，压力不能过猛。

（6）工件表面与标准板平面互相接触时，应当尽量轻，而且要平稳，防止损坏标准板的棱角和表面。

（7）刮削有孔的平面时，刮刀不能跨过孔口，只能沿着周围刮削，否则容易使孔口处刮得过低，影响整个加工面。

（8）刮削工件的边缘时，刮削方向不能与边缘相垂直，应该与边缘相交成 45°或者 60°角进行。

（9）进行刮削时，刮刀的运动方向应该垂直于刀刃，不能顺刀刃移动，以免划伤表面而产生刀痕，影响表面质量。

（10）推研工件时，应该均匀使用平板表面，防止表面出现局部凹下的现象。

六、实训内容 ◀◀◀

（1）刮刀的刃磨。

（2）手刮法练习。

（3）曲面刮削练习。

七、实训步骤 ◀◀◀

1. 刮刀的刃磨

（1）将锻打后的刮刀在砂轮上磨去锐棱与锋口。

（2）在砂轮上粗磨刮刀平面和顶端面。

（3）热处理淬火。

（4）在砂轮上细磨刮刀平面和顶端面。

（5）在油石上精磨平面和顶端面。

（6）试刮工件时，如刮出的工件表面有丝纹、不光洁，应重新修磨。

2. 手刮法练习

（1）来料检查，倒角去毛刺，不加工面刷漆。

（2）粗刮。首先采用连续推刮方法，刀迹宽长连成片，不可重复，纹路交叉地去除机加工痕迹，然后涂色显点刮削，达到每 25 mm×25 mm 面积上有 4～8 点，且显点分布均匀。

（3）细刮。达到细刮刀迹长的要求；应无明显丝纹、振痕等；接触点数在每 25 mm×25 mm 面积上 8 点以上。刮削时应对硬点刮重些，软点刮轻些，纹路交叉，点子清晰均匀。

3. 曲面刮削练习

（1）粗刮，练习姿势和力量。根据配合轴颈研点作大切削量的刮削，使接触点均匀。如加工件有尺寸要求，应控制加工余量，以保证细刮和精刮达到尺寸精度要求。

（2）细刮，练习挑点。控制刀迹的长度、宽度以及刮点的准确性，准确率要求达 90%。

（3）精刮，达到形位和尺寸精度要求与配合，接触点每 25 mm×25 mm 的面积上 8～12 点。点的分布要求在轴承中间少些，点要清晰，表面粗糙度 $R_a \leqslant 1.6 \ \mu m$，无丝纹、振痕和明显落刀痕。

八、实训成果 ◀◀◀

（1）通过本实训检验是否能够正确使用刮刀对工件进行加工。

（2）通过本实训检验是否能够正确检测已加工表面的表面质量。

（3）刮削实训考评记录表。

刮 削 实 训 考 评 记 录 表

班级：_____ 学号：_____ 姓名：_____

序号	考 评 内 容	分值	评 分 标 准	得分	扣分原因
1	能根据加工工件正确选择刮刀	5	错误或使用错误一件/次，－2分		
2	刮刀刀柄的正确更换和安装	5	安装错误，－5分		
3	刮削时工件的定位	10	工件定位不当，－10分		
4	平面刮削时的姿势和刮削方法	10	姿势不当，－5分； 方法不当，－10分		
5	曲面刮削时的姿势和刮削方法	10	姿势不当，－5分； 方法不当，－10分		
6	刮刀的刃磨	15	姿势不当，－5分； 方法不当，－10分		
7	刮削后花纹的观察	10	检查方法不当，－5分； 不检查不得分		
8	刮削加工后工件的表面质量检查	25	螺纹不整齐不得分； 与标准件配合视情况得分		
9	操作中的安全、文明生产	10	违章操作，视情节扣分		
10	成 绩 总 评				

教师评语：

教师签名：_____

日　期：_____

项目九　综合作业

一、钣金工手锤制作

表面粗糙度为：$R_a = 3.2\ \mu\text{m}$；未注圆角 $R = 0.5$。

技术要求：

(1) 两头部淬火深度为 $3 \sim 5\ \text{mm}$。

(2) 淬火液为盐水。

(3) 小榔头端面最后加工为球面。

1. 钳工实训工艺卡

课题	复合作业	目的与要求
工件名称	手工加工钣金工手锤	
材料	45♯钢	
计划工时	25h	熟练地应用钳工常用工具、量具进行划线、錾削、锯削、锉削、钻孔操作，提高尺寸精度观念。形状正确，轮廓清晰，尺寸符合图纸要求
完成件数	1件	
备注		

2. 操作步骤

操作序号	简　图	说　明
1. 下料	$\phi 32$　112	用35♯或45♯钢 $\phi 32$ 棒料，锯下长度 $L=112$ mm
2. 锯割一面作基准	19	将棒料锯割一平面，宽度为19 mm
3. 锉削加工平面	20	将锯割的平面进行锉削加工，作为后面加工过程的基准。用刀口尺检查平面度
4. 划线作业	20　20	已加工好的平面为基准，画出端面为正方形：20×20 mm²

操作序号	简　　图	说　　明
5. 锯割加工		锯割成 21×21 mm 的四棱柱，留出锉削加工余量 Δ＝1 mm
6. 锉削加工		锉削加工六面体，并用刀口尺和角尺测量平面度和垂直度，保证端面为 20×20 mm² 的正方形
7. 錾削		在 61 mm 处，錾削 2～2.3 mm 深的凹槽
8. 划线		划各加工线，在平台上工作以纵向平面和锉平的端面定位，按简图所示尺寸划线并打样冲眼
9. 锯斜面		按划线图中的虚线尺寸锯割

操作序号	简　图	说　明
10. 锉斜面		按图锉斜面，在斜面与平面交界处锉出过渡圆弧，把斜面端部锉至 110 mm，并锉出 2×45°倒角 25 mm，端部圆滑过渡 R3
11. 钻孔		按划线在 R5 中心处钻两孔，ϕ9.5 mm
12. 锉长形孔		用小圆锉或什锦锉锉长形孔和 1×30°倒角，锉修 R2，锉修手锤端面为球面，为 RS50 mm
13. 修正光磨	同上图	用油光锉和砂纸修正和光磨
14. 检验打号	同上图	进行尺寸检验和表面检验，打学号
15. 两端进行局部淬火		淬火深度为 3～5 mm
16. 打磨	同上图	可以看出淬火深度

二、手工加工六方螺母 ≪≪≪

表面粗糙度为：R_a＝3.2 μm；未注圆角：R＝0.5。

技术要求：

(1) 螺母 M12×1.5 淬火，淬火液为盐水；

(2) 螺母加工后能与相应螺杆配合。

1. 钳工实训工艺卡

课　题	复合作业	目的与要求
工件名称	手工加工六方螺母	熟练地应用钳工常用工具、量具进行划线、锯削、锉削、钻孔操作，提高尺寸精度观念。形状正确，轮廓清晰，尺寸符合图纸要求
材料	35♯或45♯钢	
计划工时	10h	
完成件数	1件	
备注		

2. 操作步骤

操作序号	简　图	说　明
1. 下料		用 35# 或 45# 钢 φ32 棒料，锯下长度 $L=20$ mm
2. 划线作业		在棒料端部涂红丹，画六边形，边长为 13.5 mm
3. 锯割一面作基准		将棒料锯割一平面，距离所划的线约 1 mm，作为锉削加工余量
4. 锉削加工平面		将锯割的平面进行锉削加工，作为后面加工过程的基准。用刀口尺检查平面度
5. 锯割加工		锯割成六方体，留出锉削加工余量 $\Delta=$ 1 mm

续表

操作序号	简　图	说　　明
6. 锉削加工	13.5　13.5	锉削加工六面体，并用刀口尺和万能角度尺测量平面度和相邻两端的夹角，保证六方体的正确
7. 钻孔	$\phi 10.5$	在六方体的中心钻孔，$\phi 10.5$ mm（计算所得）
8. 攻螺纹	$M12$	按照攻螺纹的要求用丝锥在六方体上攻螺纹
9. 修正光磨	同上图	将端面倒圆角，用油光锉和砂纸修正和光磨
10. 检验打号	同上图	进行尺寸检验和表面检验，打学号

附录一　钳工集中实训教学计划

实　训　教　学　计　划

科　目：钳工实训

专　业：数控技术应用

总课时：70(理论 16,实践 54)

教　材：钳工实训教程

钳工技能训练教学计划

周次	天数	教学内容与重点	课时	课型	备注
1	1	1. 入门知识与分组 2. 平面划线基本知识及常用工具的使用方法	2	理论	
		1. 平面划线的操作示范及样品展示 2. 现场指导 3. 平面划线的操作示范及样品展示	5	实践	
	2	1. 初步掌握锯削原理及常用锯削方法	2	理论	
		1. 锯削的操作示范及样品展示 2. 现场指导 3. 锯削的检测及废品分析	5	实践	
	3	1. 錾削方法及常用工具的用法	2	理论	
		1. 錾削的示范操作及样品展示 2. 现场指导 3. 錾削的检测及废品分析	5	实践	
	4	1. 锉削的原理及常用工具及锉削方法	2	理论	
		1. 锉削的操作示范及样品展示 2. 现场指导 3. 锉削的质量检测及废品分析	5	实践	
	5	1. 常用量具的介绍 2. 重点讲解游标卡尺的使用方法	2	理论	
		1. 现场指导 2. 锉削的质量检测及废品分析	5	实践	
2	6	1. 钻孔原理及钻孔方法 2. 麻花钻的构造及刃磨方法	2	理论	
		1. 台式钻床的使用 2. 钻削的操作示范及样品展示 3. 钻削的质量检测及废品分析	5	实践	

周次	天数	教学内容与重点	课时	课型	备注
2	7	1. 攻丝和套丝的基本原理及常用工具的使用	2	理论	
		1. 攻丝和套丝的现场操作示范及样品展示 2. 攻丝和套丝的质量检测和废品分析	5	实践	
	8	1. 对前面的基本操作方法做一基本回顾 2. 讲解综合训练的重要意义及注意事项 3. 对综合训练的图纸进行详细分析	2	理论	
		1. 样品展示 2. 现场指导发现问题及时纠正	5	实践	
	9	1. 现场指导发现问题及时纠正	7	实践	
	10	1. 现场指导发现问题及时纠正	7	实践	

附录二 实训图纸

图 1 划线图

操作步骤：

1. 检查毛坯材料及外形尺寸是否合格，正确安装工件和工具。

2. 看懂图样，根据图样轮廓大小合理安排图形位置。

3. 用涂料在划线表面均匀涂刷。

4. 正确选定每个划线基准，按几何作图步骤划线。

5. 检查全部图形尺寸，确认无误后，打上检查样冲眼。

名称	划线图	图号	A4
比例		材料	45 钢
制图	查正卫	审核	
安徽电子信息职业技术学院			

图 2 锯削图

2处

	0.8	
⊥	0.8	A

2处

∥	0.8	B

Ⓐ 打印记

操作步骤：

1. 检查备料尺寸，划出平面加工线。

2. 锯 B 面使之达到平面度 0.8 mm，垂直度 0.8 mm 的要求。

3. 锯 B 对应面，使之达到平面度 0.8 mm，垂直度 0.8 mm，尺寸 21±0.8 mm 的要求。

名称	锯削钢件	图号	A4
比例		材料	45 钢
制图	查正卫	审核	
安徽电子信息职业技术学院			

图 3 錾削图

操作步骤：

1. 錾削第一面，以圆柱母线为基准划出 27±1 平面加工线，随后按錾削达到平面度要求。

2. 以第一面为基准，划出相距为 24±1 对面平面加工线，按线錾削，达到平面度和尺寸公差要求。

3. 分别以第一面及一端面为基准，用 90°直角尺划出距顶面母线 5 mm 并与第一面相垂直的平面加工线，按线錾削达到平面度及垂直度要求。

4. 以第三面为基准划出相距 24 mm 对面平面加工线，按线錾削达到平面度及尺寸公差要求。

5. 全面检查精度，并作出必要的修整、錾削工作。

名称	錾削图	图号	A4
比例		材料	45 钢
制图	查正卫	审核	
安徽电子信息职业技术学院			

图 4 锉削图

操作步骤：

1. 检查来料尺寸。

2. 先在宽平面上，后在窄平面上用顺向锉练习锉平。有錾痕的表面可以用交叉法锉去。

名称	锉削平面	图号	A4
比例		材料	45 钢
制图	查正卫	审核	
安徽电子信息职业技术学院			

图 5 锉六方体

技术要求：

1. 24 mm 尺寸处，其最大尺寸与最小尺寸的差值不得大于 0.08 mm。

2. 六角边长 B 应均等，允许误差为 0.1 mm。

3. 各锐角边均倒棱。

操作步骤：

1. 用游标卡尺检查来料尺寸。

2. 粗精锉基准面，平面度达 0.04 mm。表面粗糙度达 $R_a \leqslant 3.2\mu$m，同时保证与圆柱母线的尺寸要求。

3. 粗精锉相对面，以第一面为基准划出相距尺寸为 24 mm 的平面加工线。尺寸达到 24 ± 0.06 mm，表面粗糙度达 $R_a \leqslant 3.2\mu$m 要求。

4. 粗精锉第三面，达到同样要求，同时保证圆柱母线的尺寸要求（用万能角度尺控制 120°的准确性）。

5. 粗精锉第三面对应面，以第三面为基准划出相距尺寸为 24 mm 的平面加工线，然后锉削达到尺寸要求。

6. 粗精锉第五面，达到图样要求，同时保证与圆柱母线的尺寸要求。

7. 粗精锉第五面对应面，以第五面为基准划相对尺寸为 24 mm 的平面加工线，然后锉削，达到尺寸要求。并对各锐边均匀进行全面复检、修整、倒棱后送检。

名称	锉削钢六角	图号	A4
比例		材料	45 钢
制图	查正卫	审核	
安徽电子信息职业技术学院			

图6 钻孔及攻套丝

攻丝图

套丝操作步骤:

1. 按图样尺寸落料。

2. 用 M8 和 M10 板牙套螺纹,并用相应的螺母进行配检。

攻丝操作步骤:

1. 先按图样划线,打样冲眼。

2. 用 $\phi6.7$ 和 $\phi8.8$ 分别按图纸钻出两通孔。

3. 用 M10 和 M8 钻头分别在钻孔两面倒出 1 * 60°倒角。

4. 用活络绞杠分别用 M8、M10 成套丝锥在 $\phi6.7$ 孔和 $\phi8.8$ 孔内攻丝。

5. 检查螺纹与尺寸是否合格。

名称	钻孔及攻套丝图	图号	A4
比例		材料	45 钢
制图	查正卫	审核	
安徽电子信息职业技术学院			

图 7 制作鸭嘴锤头

鸭嘴锤头的操作步骤：

1. 根据图样尺寸落料。

2. 按图样尺寸锉出 20 * 20 的长方体。

3. 以长面为基准锉一端面，达到基本垂直，表面粗糙度 $R_a \leqslant 3.2 \mu m$。

4. 以一长面及端面为基准，划出形体加工线（两面同时划出），并按尺寸划出 4 — 3.5 * 45° 倒角加工线。

5. 锉出 4 — 3 * 45° 倒角，并达到要求。先用异型锉粗锉出 R3.5 圆弧，然后分别用粗、细钳工锉粗、细倒角，再用异型锉细加工 R3.5 圆弧，最后用推挫法修整，并用砂布打光。

6. 按图划出腰孔加工线及钻孔检查线，并用 φ9.8 mm 钻头钻孔。

7. 用异型锉锉通两孔，然后按图样要求锉好腰孔。

8. 按划线在 R12 mm 处钻 φ5 mm 孔，用手锯按加工线锯去多余部分（留余量）。

9. 用异型锉锉 R12 mm 内圆弧面，用钳工锉粗锉余面与 R8 mm 圆弧至划线线条。后用细钳工锉细斜面，用异形锉细锉 R12 内圆弧面，再用细钳工锉细锉 R8 外圆弧面。最后用细钳工锉及异形锉作推锉修整，达到各形面连接圆弧、光洁、纹理齐整。

10. 锉 R2.5 mm 圆头，并保证工件总长为 112 mm。

11. 八角端部棱边倒角 2 * 45°。

12. 用砂布将各加工面全部打光，交件检验。

13. 工件检验后，再将腰孔各面倒出 1 mm 弧形喇叭口，将 20 mm 端面锉成略呈形面，后将工件两端热处理淬硬。

名称	鸭嘴锤头	图号	A4
比例		材料	45 钢
制图	查正卫	审核	
安徽电子信息职业技术学院			

图 8锁扣

件一

件二

技术要求：

1. 全部倒角 C0.3－0.5。

2. 公差尺寸按 GB/T 1184－m 要求。

3. 形位公差按 GB/T 1184－k(1996)要求。

4. 螺纹无乱牙和歪斜。

4. 各加工表面锉纹一致。

名称	锁扣	图号	
比例		材料	
制图	查正卫	审核	
安徽电子信息职业技术学院			

图 9 离合器挂件

件一

件二

技术要求:

1. 板件厚度控制在 5～6 mm 以内。

2. 未注公差尺寸按 GB/T 1804－m 要求。

3. 未注形状和位置公差按 GB/T 1184－k(1996)要求。

4. 螺纹不应有乱牙、滑扣。

5. 各处去毛刺。

名称	离合器挂件	图号	
比例		材料	
制图	查正卫	审核	
安徽电子信息职业技术学院			

图10 四六方锉配

件一

件二

件三

技术要求：

1. 转位互换，配合间隙不大于0.06。

2. 各锐边倒铣，去毛刺。

3. 各加工表面锉纹一致。

名称	四六方锉配	图号	
比例		材料	45 钢
制图	查正卫	审核	
安徽电子信息职业技术学院			

图 11 三角配合

技术要求：

1. 配合后互换间隙≤0.1，错位间隙≤0.1。

2. 清根槽 2×2。

3. 锉削面粗糙度≤R_a3.2。

4. 未注公差尺寸按 GB/T 1804－m 要求。

5. 未注形状和位置公差按 GB/T 1184－k(1996)要求。

名称	三角配合	图号	A4
比例		材料	45 钢
制图	查正卫	审核	
安徽电子信息职业技术学院			

附录三　钳工国家职业标准

1. 职业概况

1.1　职业名称

工具钳工。

1.2　职业定义

操作钳工工具、钻床等设备，进行刃具、量具、模具、夹具、索具、辅具等(统称工具，亦称工艺装备)的零件加工和修整，组合装配，调试与修理的人员。

1.3　职业等级

本职业共设五个等级，分别为：初级(国家职业资格五级)、中级(国家职业资格四级)、高级(国家职业资格三级)、技师(国家职业资格二级)、高级技师(国家职业资格一级)。

1.4　职业环境

室内，常温。

1.5　职业能力特征

具有一定的学习、表达和计算能力，具有一定的空间感、形体知觉及较敏锐的色觉，手指、手臂灵活，动作协调。

1.6　基本文化程度

初中毕业。

1.7　培训要求

1.7.1　培训期限

全日制职业学校教育，根据其培养目标和教学计划确定。晋级培训期限：初级不少于500标准学时；中级不少于400标准学时；高级不少于300标准学时；技师不少于300标准学时；高级技师不少于200标准学时。

1.7.2　培训教师

培训初、中、高级工具钳工的教师应具有本职业技师以上职业资格证书或本专业中级以上专业技术职务任职资格；培训技师的教师应具有本职业高级技师职业资格证书或本专业高级专业技术职务任职资格；培训高级技师的教师应具有本职业高级技师职业资格证2年以上或本专业高级专业技术职务任职资格。

1.7.3　培训场地设备

满足教学需要的标准教室和具有 80 m² 以上的面积，且能安排 8 个以上工位，有相应的设备及必要的工具、量具，采光、照明、安全等设施符合作业规范的场地。

1.8 鉴定要求

1.8.1 适用对象

从事或准备从事本职业的人员。

1.8.2 鉴定方式

分为理论知识考试和技能操作考核。理论知识考试采用闭卷笔试方式，技能操作考核采用现场实际操作方式。理论知识考试和技能操作考核均实行百分制，成绩皆达60分以上者为合格。技师、高级技师鉴定还须进行综合评审。

1.8.3 考评人员与考生配比

理论知识考试考评人员与考生配比为1：20，每个标准教室不少于2名考评人员；技能操作考核考评人员与考生配比为1：3，且不少于3名考评员。

1.8.4 鉴定时间

理论知识考试时间不少于120 min；技能操作考核时间为120～360 min；论文答辩时间不少于45 min。

1.8.5 鉴定场所设备

理论知识考试在标准教室进行；技能操作考核在具备必要的工具及设备的工艺装备制造车间进行。

2. 基本要求

2.1 职业道德

2.1.1 职业道德基本知识

2.1.2 职业守则

(1) 遵守法律、法规和有关规定。

(2) 爱岗敬业，具有高度的责任心。

(3) 严格执行工作程序、工作规范、工艺文件和安全操作规程。

(4) 工作认真负责，团结协作。

(5) 爱护设备及工具、夹具、刀具、量具。

(6) 着装整洁，符合规定；保持工作环境清洁有序，文明生产。

2.2 基础知识

2.2.1 基础理论知识

(1) 识图知识。

(2) 公差与配合。

(3) 常用金属材料及热处理知识。

(4) 常用非金属材料知识。

2.2.2 机械加工基础知识

（1）机械传动知识。

（2）机械加工常用设备知识（分类、用途、基本结构及维护保养方法）。

（3）金属切削常用刀具知识。

（4）典型零件（主轴、箱体、齿轮等）的加工工艺。

（5）设备润滑及切削液的使用知识。

（6）气动及液压知识。

（7）工具、夹具、量具使用与维护知识。

2.2.3 钳工基础知识

（1）划线知识。

（2）钳工操作知识（錾、锉、锯、钻、绞孔、攻螺纹、套螺纹）。

2.2.4 电工知识

（1）通用设备和常用电器的种类及用途。

（2）电气传动及控制原理基础知识。

（3）安全用电知识。

2.2.5 安全文明生产与环境保护知识

（1）现场文明生产要求。

（2）安全操作与劳动保护知识。

（3）环境保护知识。

2.2.6 质量管理知识

（1）企业的质量方针。

（2）岗位的质量要求。

（3）岗位的质量保证措施与责任。

2.2.7 相关法律、法规知识

（1）劳动法相关知识

（2）合同法相关知识

附录四 标准公差数值表

GB/T 1800.3—1998

表1 标准公差数值

基本尺寸/mm		标准公差等级																	
大于	至	IT1	IT2	IT3	IT4	IT5	IT6	IT7	IT8	IT9	IT10	IT11	IT12	IT13	IT14	IT15	IT16	IT17	IT18
		μm											mm						
—	3	0.8	1.2	2	3	4	6	10	14	25	40	60	0.1	0.14	0.25	0.4	0.6	1	1.4
3	6	1	1.5	2.5	4	5	8	12	18	30	48	75	0.12	0.18	0.3	0.48	0.75	1.2	1.8
6	10	1	1.5	2.5	4	6	9	15	22	36	58	90	0.15	0.22	0.36	0.58	0.9	1.5	2.2
10	18	1.2	2	3	5	8	11	18	27	43	70	110	0.18	0.27	0.43	0.7	1.1	1.8	2.7
18	30	1.5	2.5	4	6	9	13	21	33	52	84	130	0.21	0.33	0.52	0.84	1.3	2.1	3.3
30	50	1.5	2.5	4	7	11	16	25	39	62	100	160	0.25	0.39	0.62	1	1.6	2.5	3.9
50	80	2	3	5	8	13	19	30	46	74	120	190	0.3	0.46	0.74	1.2	1.9	3	4.6
80	120	2.5	4	6	10	15	22	35	54	87	140	220	0.35	0.54	0.87	1.4	2.2	3.5	5.4
120	180	3.5	5	8	12	18	25	40	63	100	160	250	0.4	0.63	1	1.6	2.5	4	6.3
180	250	4.5	7	10	14	20	29	46	72	115	185	290	0.46	0.72	1.15	1.85	2.9	4.6	7.2
250	315	6	8	12	16	23	32	52	81	130	210	320	0.52	0.81	1.3	2.1	3.2	5.2	8.1

续表

4 标准公差等级

基本尺寸 /mm		IT1	IT2	IT3	IT4	IT5	IT6	IT7	IT8	IT9	IT10	IT11	IT12	IT13	IT14	IT15	IT16	IT17	IT18
315	400	7	9	13	18	25	36	57	89	140	230	360	0.57	0.89	1.4	2.3	3.6	5.7	8.9
400	500	8	10	15	20	27	40	63	97	155	250	400	0.63	0.97	1.55	2.5	4	6.3	9.7
500	630	9	11	16	22	32	44	70	110	175	280	440	0.7	1.1	1.75	2.8	4.4	7	11
630	800	10	13	18	25	36	50	80	125	200	320	500	0.8	1.25	2	3.2	5	8	12.5
800	1000	11	15	21	28	40	56	90	140	230	360	560	0.9	1.4	2.3	3.6	5.6	9	14
1000	1250	13	18	24	33	47	66	105	165	260	420	660	1.05	1.65	2.6	4.2	6.6	10.5	16.5
1250	1600	15	21	29	39	55	78	125	195	310	500	780	1.25	1.95	3.1	5	7.8	12.5	19.5
1600	2000	18	25	35	46	65	92	150	230	370	600	920	1.5	2.3	3.7	6	9.2	15	23
2000	2500	22	30	41	55	78	110	175	280	440	700	1 100	1.75	2.8	4.4	7	11	17.5	28
2500	3150	26	36	50	68	96	135	210	330	540	860	1 350	2.1	3.3	5.4	8.6	13.5	21	33

注：1. 基本尺寸大于 500 mm 的 IT1 至 IT5 的标准公差数值为试行的。
2. 基本尺寸小于或等于 1 mm 时，无 IT14 至 IT18。

附录五　钳工常用计算公式

一、圆的内接、外切多边形的几何尺寸

图 1

$$C = 2R\sin\frac{180°}{n} = 2r\tan\frac{180°}{n}$$

$$R = \frac{C}{2\sin\dfrac{180°}{n}} = \frac{r}{\cos\dfrac{180°}{n}}$$

$$r = \frac{C}{2}\cot\frac{180°}{n} = R\cos\frac{180°}{n}$$

式中：n——多边形的边数。

二、燕尾间接测量计算

图 2

当要求尺寸为 B 时，

$$M = B + \frac{D}{2}\left(1 + \cot\frac{\alpha}{2}\right)$$

当要求尺寸为 A 时，

$$M = A - C\cot\alpha + \frac{D}{2} + \frac{D}{2}\cot\frac{\alpha}{2}$$

式中：M——测量读数值，mm；

D——圆柱测量棒直径，mm。

三、V 形间接测量计算

图 3

当要求尺寸为 H 时，

$$M = H + \frac{D}{2}t\sin\frac{\alpha}{2} + \frac{D}{2}$$

当要求尺寸为 L 时，

$$M = N - \frac{L}{2}\cot\frac{\alpha}{2} + \frac{D}{2}\left(1 + 1/\sin\frac{a}{2}\right)$$

式中：M——测量读数值，mm；

D——圆柱测量棒直径，mm。

四、用正弦规测量工件角度时垫入量块高度 h 计算

图 4

$$h = L\sin\alpha$$

式中：L——两圆柱中心距离；

$\quad\quad\alpha$——工件角度。

五、钻床转速的选择

$$n=\frac{1000v}{\pi d}r/\min$$

式中：v——切削速度，m/min；

$\quad\quad d$——钻头直径，mm。

用高速钢钻头钻铸件时，$v=(14\sim22)\mathrm{m/min}$；钻钢件时 $v=(16\sim24)\mathrm{m/min}$。

注：当工件材料的硬度和强度较高时取较小值；钻头直径小时也取较小值（以 $\phi16$ 为中值）；钻孔深度小于或大于 $3d$ 时，应将取值乘以 $0.7\sim0.8$ 的修正系数。

六、米制、英制螺纹底孔直径经验计算式

	米制螺纹	英制螺纹
脆性材料	$D_{底}=D-1.05P$	$D_{底}=25\left(D-\dfrac{1}{n}\right)$
韧性材料	$D_{底}=D-P$	$D_{底}=25\left(D-\dfrac{1}{n}\right)-(0.2\sim0.3)$

式中：$D_{底}$——底孔直径，mm；

$\quad\quad D$——螺纹大径，mm[英制单位为 in]；

$\quad\quad P$——螺距，mm；

$\quad\quad n$——每英寸牙数。

七、不通孔螺纹底孔的钻孔深度计算式

$$L=l+0.7D$$

式中：L——钻孔深度，mm；

$\quad\quad l$——所需螺纹深度，mm；

$\quad\quad D$——螺纹大径，mm。

八、套螺纹圆杆直径计算式

$$d=D-0.13P$$

式中：d——圆杆直径，mm；

$\quad\quad D$——螺纹大径，mm；

$\quad\quad P$——螺距，mm。

参 考 文 献

［1］ 黄如林. 切削加工简明实用手册. 北京：化学工业出版社，2004.

［2］ 石德勇. 钳工实训. 北京：人民交通出版社，2005.

［3］ 徐冬元. 钳工工艺与技能训练. 北京：高等教育出版社，1998.

［4］ 王琪. 钳工实习与考级. 北京：高等教育出版社，2004.

［5］ 黄祥. 金工实习. 上海：上海交通大学出版社，2013.

［6］ 王飞. 金工实训. 北京：北京邮电大学出版社，2015.